"十三五"高等职业教育计算机类专业规划教材

Web 前端开发技术

罗　剑　尹薇婷　廖春琼　段巧灵 ◎ 编著

中国铁道出版社有限公司
CHINA RAILWAY PUBLISHING HOUSE CO., LTD.

内 容 简 介

本书系统地介绍了 Web 前端开发的基础知识和实际应用，主要内容包括网页开发起步、CSS 样式入门、排列网页内容、表单与框架、网页布局设计、CSS 样式进阶、响应式网页设计、网页脚本编程。

本书采用理论与实践相结合的编写方式，每个重要知识都配有示例代码，每章最后一节为学生实践任务，采用任务驱动的方式完成实践内容。本书还配有大量的微课视频帮助学生理解知识点，方便学生预习和实践。

本书适合作为高职或应用型本科院校计算机及相关专业的教材，也可作为 Web 开发爱好者的入门参考用书。

图书在版编目（CIP）数据

Web前端开发技术/罗剑等编著. —北京：中国铁道出版社有限公司，2020.8
"十三五"高等职业教育计算机类专业规划教材
ISBN 978-7-113-27150-3

I.①W… II.①罗… III.①网页制作工具-高等职业教育-教材 IV.①TP393.092.2

中国版本图书馆 CIP 数据核字（2020）第 145457 号

书　　名：Web 前端开发技术
作　　者：罗　剑　尹薇婷　廖春琼　段巧灵

策　　划：徐海英　　　　　　　　　　　　编辑部电话：（010）63551006
责任编辑：王春霞　包　宁
封面设计：刘　颖
责任校对：张玉华
责任印制：樊启鹏

出版发行：中国铁道出版社有限公司（100054，北京市西城区右安门西街 8 号）
网　　址：http://www.tdpress.com/51eds/
印　　刷：三河市兴博印务有限公司
版　　次：2020 年 8 月第 1 版　2020 年 8 月第 1 次印刷
开　　本：850 mm×1168 mm 1/16　印张：18　字数：443 千
书　　号：ISBN 978-7-113-27150-3
定　　价：49.80 元

前　言

随着前端技术的发展，越来越多的 Web 系统注重前端界面的漂亮、友好与易操作，企业对前端技术人才需求量逐年增加。目前很多高校都开设了 HTML、JavaScript 等技术相关的课程，随着技术的发展，特别是移动互联网的出现，促使移动设备大量增加，用手机上网的用户越来越多，为了适应技术的发展，本书以 HTML5 作为网页开发基础，还介绍了设计响应式开发框架 Bootstrap，jQuery 库的使用让学生从学习之初就对前端相关技术有一个概括的了解，为学生深入学习相关内容打下基础。

本书采用知识与案例结合的编写方式，首先介绍相关知识的理论内容，然后给出示例代码讲解知识的应用，最后通过实践任务让学生进行实践练习，完成知识的迁移。学生在看书的过程中还可以扫描二维码观看视频，直观地了解每个知识点的用法，这样避免了看书后不知道如何操作的弊端。本书涉及面广，在内容上对前端工程师所需要的基础技术都进行了介绍，还引入了一些比较常见的框架技术，使得学生能够快速地开发适应各种屏幕设备的网页。

本书分为 4 个模块 8 章，HTML 模块（第 1 章）、CSS 模块（第 2~6 章）、Bootstrap 模块（第 7 章）、JavaScript 与 jQuery 模块（第 8 章）。具体安排如下：

第 1 章为网页开发起步，包括 VS Code 介绍、HTML 5 网页的基本结构、文本相关的标签、图片标签、超链接标签和标签的分类。最后能够制作一个个人简历页面。

第 2 章为 CSS 样式入门，包括 CSS 样式的语法、CSS 的三种使用方式、文本修饰的样式、背景样式、盒子模型样式相关的属性等。最后学生要模仿制作出百度首页和登录页面。

第 3 章为排列网页内容，包括无序列表、有序列表、定义列表、基本的表格与表格的美化。最后要完成销售报表页面的制作。

第 4 章为表单与框架，包括 form 标签、文本框、密码框、单选按钮、复选框、下拉列表、按钮等表单元素，还介绍了 iframe 内嵌框架的使用。最后需要完成 SHOPMALL 的登录与注册页面。

第 5 章为网页布局设计，包括标准文档流、网页元素的定位、盒子的浮动、常用的布局类型，这些知识是全书的重难点。最后需要完成网页整体布局与菜单的局部布局。

第 6 章为 CSS 样式进阶，包括并集选择器、交集选择器、属性选择器、层次选择器等，还介绍了 CSS3 中引入的新样式属性，最后需要完成照片墙和推荐商品列表的任务。

第 7 章为响应式网页设计，包括响应式页面设计的原理与方法、Bootstrap 框架的使用、栅格系统、Bootstrap 组件等内容。最后需要完成一个典型企业网站页面的设计。

第 8 章为网页脚本编程，包括 JavaScript 技术基础、函数与事件、DOM 模型、jQuery 库的使用。最后需要完成论坛发帖的案例。

本书配套有 PPT 电子课件、教学大纲、教学计划和参考代码，读者可以从中国铁道出版社有限公司网站（http://www.tdpress.com/51eds/）获取。本书由罗剑（武汉晴川学院）、尹薇婷（武汉信息传播职业技术学院）、廖春琼（武汉信息传播职业技术学院）、段巧灵（武汉晴川学院）编著。在编写的过程中，得到了中国铁道出版社有限公司、武汉晴川学院、武汉信息传播职业技术学院领导的支持，在此深表感谢。

本书是全国高等院校计算机基础教育研究会计算机基础教育教学研究项目（2019-AFCEC-319）的成果。

由于作者水平有限，技术更新较快，篇幅受限，书中难免有不妥之处，敬请读者指正。

编　者
2020 年 5 月

目 录

第 1 章
网页开发起步

本章简介

计算机网络提供的信息服务主要是通过网页展现的，开发网页需要使用 HTML 技术，HTML（超文本标识语言）是创建网页的基础语言，创建好的网页由一个个 HTML 标签组成，浏览器解析 HTML 标签后才能看到网页内容。本章我们将进入网页开发的世界，了解网页的基本结构，掌握 HTML 基本标签的使用，特别是文本、图像和超链接标签的运用。本书使用 VS Code 开发工具来制作网页。

学习目标

◆ 了解 HTML 网页的原理
◆ 理解 HTML 文档的结构
◆ 掌握文本相关的标签
◆ 掌握图片相关的标签
◆ 掌握超链接相关的标签

实践任务

◆ 任务 1　创建简易的个人简历页面
◆ 任务 2　创建班级信息页面

1.1　HTML 文档的结构

浏览网页时，在浏览器中输入一个地址，会打开一个网页。例如，在地址栏中输入 http://www.baidu.com 时，在浏览器中显示百度首页，如图 1.1 所示。

图 1.1　百度首页

在浏览器中查看的信息均以网页形式展现，网页又称 HTML 页面。

HTML（Hypertext Markup Language，超文本标识语言）是用于描述网页文档的一种标记语言。一个 HTML 页面由各种标签组成，如显示图片的 <img> 标签、设置段落的 <p> 标签等，这些标签通知浏览器如何显示页面内容。HTML 是网页开发的基本语言，用户可以在浏览器中右击某一打开的页面，在弹出的快捷菜单中选择"查看源文件"命令，即可看到该网页的 HTML 代码。HTML 具备以下特点：

（1）简易性：HTML 的各种标签语法简单易学，能够很方便地开发网页。

（2）与平台无关性：各种操作系统平台与浏览器均能很好地解析 HTML 文件。

1.1.1　HTML 的基本结构

完整的 HTML 文件至少包括 <html> 标签、<head> 标签、<title> 标签和 <body> 标签，且这些标签是成对出现的，开始标签为 < 标签名 >，结束标签为 </ 标签名 >。可以在标签开始与结束之间添加内容，一个完整的标签组成一个标签元素。

HTML 的基本结构分为两部分，分别是头部（head）和主体（body），头部包括网页标题（title）等基本信息，主体包括网页的内容信息（如文字、图片等）。其基本结构如图 1.2 所示。

在图 1.2 所示的 HTML 结构图中，html、head、title 和 body 都属于常见的 HTML 标签。下面详细讲解这些标签的含义。

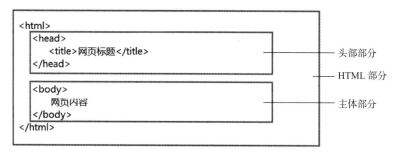

图 1.2　HTML 的基本结构

（1）html：标记 HTML 内容的开始和结束。页面中的所有内容都必须包含在 <html> 和 </html> 之间。

（2）head：标记 HTML 文件的头部，包含不在正文中显示的关键字、标题和脚本等。

（3）title：标记 HTML 文件的标题，打开 HTML 页面时，标题会显示在浏览器的选项卡上面。

（4）body：标记 HTML 文件的正文部分，所有显示在网页中的内容均包含在该标签内。

注意：HTML 标签是成对出现的，<head> 和 </head> 就是一对 HTML 标签。标签中可以嵌套另外的标签，所以 head 标签中可以嵌套 title 标签，标签名称建议使用小写字母。

1.1.2　使用记事本开发 HTML 页面

编写简单的 HTML 文档可以使用很多编辑器，下面使用记事本来编写一个 HTML 文档。

（1）用记事本编写一个 HTML 文档，代码见示例 1.1。

【示例 1.1】使用记事本开发 HTML

```
<html>
    <head>
        <title> HTML 课程 </title>
    </head>
    <body>
        <p>我制作的第一个页面。It's so cool!</p>
    </body>
</html>
```

（2）保存编写的内容后，关闭"记事本"，将该文本的名称和扩展名修改为 first.html。

（3）使用 IE 浏览器打开 first.html 文件，如图 1.3 所示。

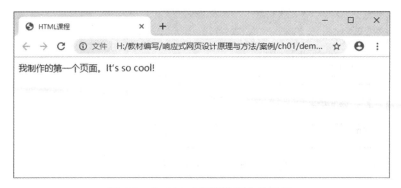

图 1.3　first.html 在浏览器中的效果

1.1.3　使用 VS Code 开发网页

使用记事本开发网页效率比较低，并且很难查找出页面中的错误，下面介绍一款开发网页的强大工具 VS Code。它是 Microsoft 在 2015 年 4 月 30 日 Build 开发者大会上正式宣布了 Visual Studio Code 项目：一个运行于 Mac OS X、Windows 和 Linux 系统之上的，针对于编写现代 Web 和云应用的跨平台源代码编辑器。该编辑器集成了现代编辑器所应该具备的特性，包括语法高亮（syntax high lighting）、可定制的热键绑定（customizable keyboard bindings）、括号匹配（bracket matching）以及代码片段收集（snippets）。VS Code 集敏捷的性能、清爽的界面、强大的功能于一身。

在 VS Code 中安装前端开发插件后，它具有代码智能提示和代码错误提示等功能优势，使用其编写 HTML 代码非常方便，是开发 HTML 页面的利器。常见的前端开发插件如图 1.4 所示。

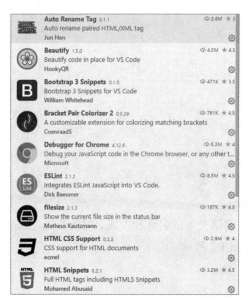
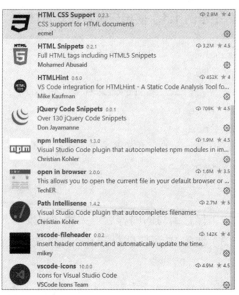

图 1.4　常见的前端开发插件

在使用 VS Code 开发工具之前，首先要安装该开发工具，安装后打开 VS Code，主界面如图 1.5 所示。

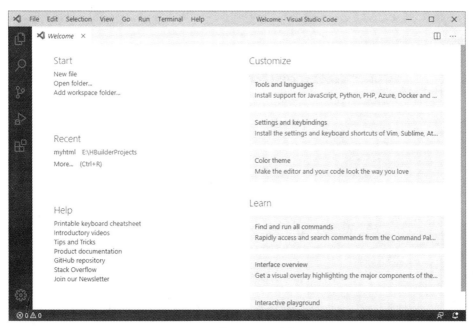

图 1.5　VS Code 主界面

单击最左边的第五个按钮 ，安装好图 1.4 中的插件，选择 File → Open Folder 或 Add Folder to Workspace 命令，创建项目目录，如图 1.6 所示。

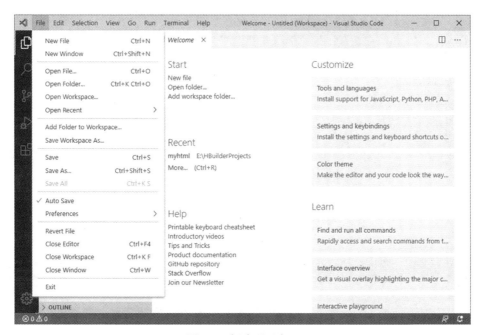

图 1.6　新建项目窗口

项目目录选择好后，可以在文件夹中新建文件，新建的文件要带上扩展名来区分不同的文件类型。在文件夹中选择新建文件，窗口如图 1.7 所示。

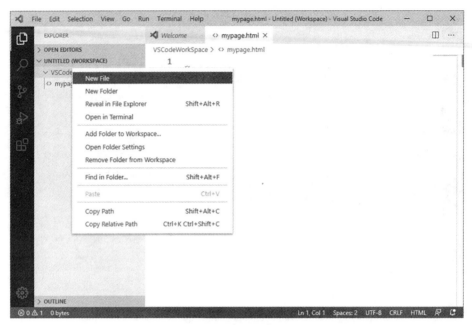

图 1.7　新建 HTML 文件

在添加新项目窗口中选择 HTML 页面，将 HTML 页面命名为 mypage.html，HTML 页面的扩展名通常为 ".html"，在文件内输入 "!" 然后按【Tab】键生成网页代码框架，效果如图 1.8 所示。

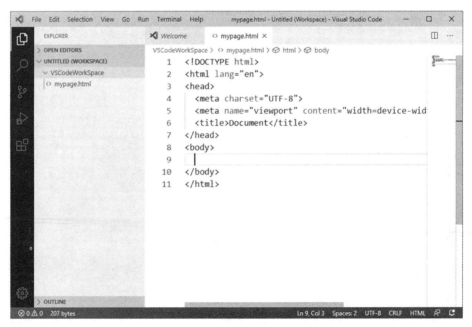

图 1.8　页面创建成功后的效果

单击 mypage.html 页面，查看页面自动生成的代码，代码如下：

```html
<!DOCTYPE html>
<html lang="en">
<head>
    <meta charset="UTF-8">
    <meta name="viewport" content="width=device-width, initial-scale=1.0">
    <title>Document</title>
</head>
<body>

</body>
</html>
```

在系统默认生成的代码中，出现了一些陌生的标记，它们也是 HTML 页面的一部分，其作用如下：

（1）<!DOCTYPE> 声明位于文档中最前面的位置，在 <html> 标签之前。此标签可告知浏览器文档使用哪种 HTML 或 XHTML 规范。

（2）<meta> 标签，该标签用于描述网页的具体摘要信息，包括文档内容类型、字符编码信息、搜索关键字、网站提供的功能与服务的描述信息等。

（3）语句 <meta name="viewport" content="width=device-width, initial-scale=1.0"> 用于实现对不同手机屏幕分辨率的支持。initial-scale=1.0 确保网页加载时，以 1:1 的比例呈现，不会有任何缩放。

注意：<meta> 标签描述的内容并不显示，其目的是方便浏览器解析或利于搜索引擎搜索，它采用"名称/值"对的方式描述摘要信息。

使用 VS Code 创建的网页会自动生成 HTML 页面的结构，也可以将多余的标签删除。在 mypage.html 页面中，添加如下代码：

```html
<!DOCTYPE html>
<html lang="en">


    <head>
        <meta charset="utf-8">
        <title>VS Code 的使用 </title>
    </head>


    <body>
        <h1> 使用 VS Code 开发网页 </h1>


        <ul>
            <li>vscode 本身没有新建项目的选项，所以要先创建一个空的文件夹 </li>
```

```
          <li> 然后打开 vscode,再在 vscode 里面打开文件夹,这样才可以创建项目 </li>
          <li> 选择之前创建的空文件将作为 vscode 的文件夹即可 </li>
          <li> 文件夹已经被选择了,但是此时它还不太完整,我们需要配置一下 </li>
          <li>Ctrl+shift+p,然后输入 task,单击第一个选项即可配置 </li>
      </ul>
   </body>
</html>
```

单击"保存"按钮,选中 mypage.html 页面并右击,在弹出的快捷菜单中选择 Open in default Browser 命令或按【Alt+B】组合键,系统会打开 Google Chrome 浏览器,并显示页面效果,如图 1.9 所示。

图 1.9   mypage 页面运行效果

还可以选择网页文件所在的位置(如"E:\VSCodeWorkSpace\mypage.html")找到网页文件,与选择使用浏览器直接打开页面效果相同。

1.1.4   设置页面背景色和背景图片

在默认情况下,使用 Web 浏览器浏览网页时,其背景色为白色,如果想为背景添加漂亮的颜色或图片,则可以使用 body 标签中的 style 属性设置背景颜色样式。使用 style 属性设置网页的背景图片的代码如下:

```
设置背景颜色:<body style="background-color: 颜色值 ;">
设置背景图片:<body style="background:no-repeaturl(图片的路径)">
```

(1)背景颜色取值可以为颜色的英文字母,如 yellow、red、green 等,也可以为"#000000"到"#FFFFFF"之间的取值。背景色设置见示例 1.2。

✐ 【示例 1.2】设置网页背景颜色

```
<!DOCTYPE html>
<html>
    <head>
        <meta charset="utf-8">
        <title>HBuilderX 的使用 </title>
    </head>
    <body style="background-color: yellow;">
        <h1> 使用 HBuilderX 开发网页 </h1>
        <p>HX 是轻量编辑器和强大 IDE 的完美结合体。集敏捷的性能，清爽的界面，强大的功
能于一身。</p>
    </body>
</html>
```

设置背景色后，页面效果如图 1.10 所示。

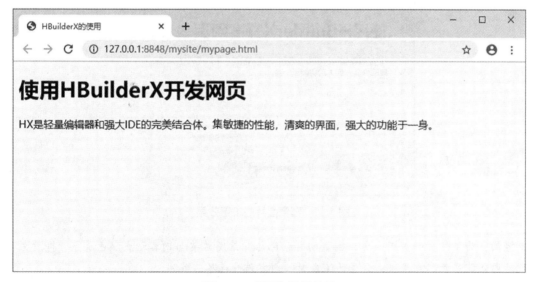

图 1.10　背景色设置效果

（2）设置网页的背景图片需要使用图片的路径，如果网页和图片在同一目录下，使用相
对路径即直接使用图片文件名即可。背景图片设置见示例 1.3。

✐ 【示例 1.3】设置背景图片

```
<!DOCTYPE html>
<html>
    <head>
        <meta charset="utf-8">
        <title>HBuilderX 的使用 </title>
```

```
    </head>
    <body style="background:no-repeaturl(bg.jpg);padding: 40px;">
        <h1> 使用 HBuilderX 开发网页 </h1>
        <p>HX 是轻量编辑器和强大 IDE 的完美结合体。集敏捷的性能，清爽的界面，强大的功
能于一身。</p>
    </body>
</html>
```

在代码中 background 背景的取值使用了 no-repeat 表示背景不平铺展开，url(路径) 中路径
为图片的路径，padding 为 body 中内容的填充值。

示例 1.3 的运行效果如图 1.11 所示。

图 1.11　背景图片的设置效果

经验：为了使页面美观大方，网页的背景色与背景图片要与内容形成颜色反差，即背景为
浅色时内容前景色尽可能深；背景为深色时，内容前景色尽可能浅。

●视频

基础标签

1.2　基础标签

文本是网页不可缺少的元素之一，是网页发布信息所采用的主要形式。为了让网页中的文
本整齐美观、错落有致，需要设置文本的大小、颜色、字体、类型、换行和段落等。下面介绍
文本相关的标签和文本内容布局标签。

1.2.1　文本类标签

1. 标题标签

标题能分隔大段文字，概括下文内容，根据逻辑结构安排信息。标题具有吸引读者的提示

作用,而且表明了文章的内容。HTML 提供了六级标题,其中 <h1> 为最大级别、<h6> 为最小级别。用户只需要定义从 h1 至 h6 中的一种,浏览器即会按级别显示标题内容。

示例 1.4 定义了 6 种级别的标题。

🖉【示例 1.4】标题标签的使用

```html
<!DOCTYPE html>
<html>
    <head>
        <meta charset="utf-8">
        <title> 不同等级的标题标签 </title>
    </head>
    <body>
        <h1> 一级标题 </h1>
        <h2> 二级标题 </h2>
        <h3> 三级标题 </h3>
        <h4> 四级标题 </h4>
        <h5> 五级标题 </h5>
        <h6> 六级标题 </h6>
    </body>
</html>
```

示例 1.4 在浏览器中的显示效果如图 1.12 所示。

图 1.12 各级标题的显示效果

2. 段落标签

在写一篇文章时,需要将有些内容组成一个段落,目的是要将这些逻辑思想组合在一起,并为内容应用某些格式和布局。在 HTML 文档中,使用 <p> 标签可以将文本内容组合为段落,段落标签中的内容会单独占一行显示,并与其他标签中的内容形成一定的段间距,还可以使用

<p> 的样式属性控制其显示的对齐方式等。使用段落标签的语法如下：

【语法】

```
<p> 段落内容 </p>
```

在 style 属性中使用 text-align 表示段落的对齐方式，其取值可以为：left、right 和 center，它们分别表示段落内容居左、居右、居中。段落标签的使用见示例 1.5。

【示例 1.5】 p 标签的使用

```html
<!DOCTYPE html>
<html>
    <head>
        <meta charset="utf-8">
        <title>P 标签</title>
    </head>
    <body>
        <h3>HBuilderX 的特点 </h3>
        <p style="text-align: left;">
            轻巧、极速,10M 的绿色发行包。
        </p>
        <p style="text-align: center;">
            强大的语法提示，一流的 ast 语法分析能力,
        </p>
        <p style="text-align: right;">
            HBuilderX 对字处理提供了更强大的支持。
        </p>
    </body>
</html>
```

示例 1.5 在浏览器中的显示效果如图 1.13 所示。

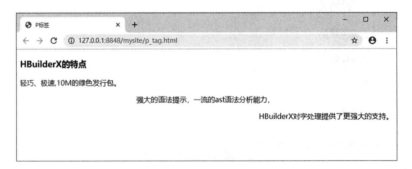

图 1.13 段落标签的显示效果

3. 行内标签

<span> 标签用来组合文档中的行内元素，行内不会像 p 标签元素占一整行，它会从左到右在一行内排列显示。span 没有固定的格式表现。当对它应用样式时，它才会产生视觉上的变化。

【语法】

<span> 文本内容 </span>

除了 span 标签外，还有一些表示其他修饰文字的行内标签，见表 1.1。

表 1.1　字体形状标签及其作用

标 签 名 称	说　明	标 签 名 称	说　明
<b>	设置字体为粗体	<sub>	设置字体为下标
<em>	设置为倾斜字体	<sup>	设置字体为上标
<u>	用于加下画线	<strong>	定义加重语气的字体

【示例 1.6】行内标签的使用

```html
<!DOCTYPE html>
<html>
    <head>
        <meta charset="utf-8">
        <title> 文本行内标签 </title>
    </head>
    <body>
        <span> 行内元素的文本内容，在同一行内从左到右显示 </span>
        <b> 加粗的字体 </b>
        <u> 带下画线的字体 </u>
        <p><span>E=MC</span><sup>2</sup></p>
        <p><span>strong 标签 :</span><strong> 把文本定义为语气更强的强调的内容。
</strong></p>
    </body>
</html>
```

示例 1.6 在浏览器中的显示效果如图 1.14 所示。

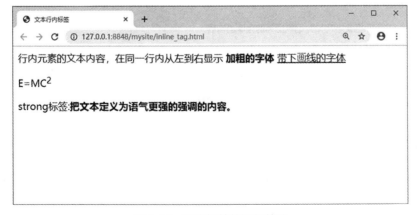

图 1.14　行内标签的运行效果

在图 1.14 中，可以看到段落内容与其他内容之间是换行显示的，段落中的文字和行内标签（span、b、u、strong）是不会自动换行的。如果想将段落中的文本内容换行，或者是行内标签元素之间实现换行，则可在换行处添加
 标签实现换行显示，该标签内不需要添加内容，可以直接关闭。

【示例 1.7】换行标签的使用

```
<!DOCTYPE html>
<html>
    <head>
        <meta charset="utf-8">
        <title>文本行内标签</title>
    </head>
    <body>
        <span>行内元素的文本内容，<br/>在同一行内从左到右显示</span><br/>
        <b>加粗的字体</b><br/>
        <u>带下画线的字体</u><br/>
        <p><span>E=MC</span><sup>2</sup></p>
        <p><span>strong 标签：</span><strong>把文本定义为语气更强的强调的内容。
</strong></p>
    </body>
</html>
```

在网页中加入
 标签后，显示网页时对应的地方出现换行效果，如图 1.15 所示。

图 1.15　换行的效果

1.2.2　水平线标签

水平线标签用 <hr/> 表示，其作用是在页面中绘制水平分隔线，该标签可以直接关闭。

【语法】

```
<hr/>
```

📎【**示例 1.8**】水平线的使用

```
<!DOCTYPE html>
<html>
    <head>
        <meta charset="utf-8">
        <title>登鹳雀楼</title>
    </head>
    <body>
        <h2>登鹳雀楼</h2>
        <p>【作者】王之涣</p>
        <hr/>
        <p>白日依山尽，黄河入海流。</p>
        <p>欲穷千里目，更上一层楼。</p>
    </body>
</html>
```

在网页中插入 <hr/> 后，页面中出现一条水平线，如图 1.16 所示。

图 1.16　水平线的显示

1.2.3　HTML 文档注释和特殊符号

1. HTML 文档注释

在 HTML 网页中，可以使用 "<!-- 注释内容 -->" 加入页面注释，注释中的内容将被浏览器忽略。HTML 注释用于说明文档中某些内容的作用或功能，其本身不会被浏览器解析和显示，它还可以屏蔽部分暂时不需要的 HTML 语句。

【**语法**】

<!-- 注释内容 -->

注意: HTML 注释与标签的用法相同，不能交叉使用，"<!--"要与其后出现的"-->"相匹配。

2. 特殊符号

想在页面上显示"<hr/>"时，如果直接在 HTML 代码中写入"<hr/>"，"<hr/>"会被浏览器解析为水平线，而不会将"<hr/>"以文本的内容显示在浏览器中。因为"<"和">"等字符在 HTML 中具有特殊意义，如小于号（<）即定义 HTML 标签的开始。要在浏览器中显示这些特殊的字符，就必须在 HTML 文档中使用字符实体。

字符实体由 3 部分组成：& 号、实体名称和分号（;）。例如，要在 HTML 文档中显示小于号（<），则使用 < 即可在浏览器中显示出"<"。字符实体与其显示在 HTML 文档中的特殊符号见表 1.2。

表 1.2　HTML 实体与特殊字符

HTML 实体	显示结果	描述	HTML 实体	显示结果	描述
&lt;	<	小于号	&copy;	©	版权
&gt;	>	大于号	&trade;	™	商标
&amp;	&	& 符号		空格	空格符
&reg;	®	己注册	&quot;	"	引号

📎 **【示例 1.9】** 在网页底部添加版权部分

```html
<!DOCTYPE html>
<html>
    <head>
        <meta charset="utf-8">
        <title> 登鹳雀楼 </title>
    </head>
    <body>
        <h2> 登鹳雀楼 </h2>
        <p>【作者】王之涣 </p>
        <hr/>
        <p> 白日依山尽，黄河入海流。</p>
        <p> 欲穷千里目，更上一层楼。</p>

        <!-- 底部版权部分 -->
        <hr/>
        <p>
        Copyright &copy; my company&trade;  版权所有  All Rights Reserved
        </p>
    </body>
</html>
```

加入注释后，注释是不会显示在网页上的，特殊符号在网页中的显示效果如图 1.17 所示。

图 1.17　版权中特殊符号的使用

1.3　图像标签

　　文本充实了网页的内容，但若网页仅有文本内容则会显得比较单调。在网页中使用图像不仅能使网页更加美观、大方、整洁、形象和生动，而且会给网页添加无限生机，从而吸引更多的浏览者，因此要制作好的网页还需要为内容添加图片，实现图文并茂。在 HTML 中，掌握好网页中图像的应用就显得尤为重要，下面介绍图像相关的标签。

视频 ●
图像标签

1.3.1　图像标签的使用

　　在网页上使用的图片，常见格式有 JPEG、GIF 和 PNG 等格式。JPEG 文件的扩展名为 .jpg 或 .jpeg。GIF 图片文件的扩展名为 .gif，它是最多支持 256 种色彩的图像。GIF 格式的另一个特点是其在一个 GIF 文件中可以保存多幅彩色图像，如果将保存于一个文件中的多幅图像数据逐幅读取并显示到屏幕上，就可构成最简单的动画。PNG 图片文件的扩展名为 .png，该图片格式适合在网络上传输与显示，PNG 格式能够提供比 GIF 小 30% 的无损压缩图像文件，是现在网站常用的图片格式。

　　在 HTML 文档中，<img> 标签用于显示图片并设置显示图片的属性，其语法格式如下：

【语法】

<img src="URL"　alt=" 文字提示 " />

定义和用法：

img 元素向网页中嵌入一幅图像。

　　请注意，从技术上讲，<img> 标签并不会在网页中插入图像，而是从网页上链接图像。<img> 标签创建的是被引用图像的占位空间。

　　<img> 标签有两个必需的属性：src 属性和 alt 属性，其描述见表 1.3。

表 1.3　img 标签的属性

属　性	取　值　说　明
URL	规定图像的 URL。可能的值： ➢ 绝对 URL 是指向其他站点，如 src="http://www.example.com/img.jpg"； ➢ 相对 URL 是指向站点内的文件，如 src="/i/image.gif"
alt	alt 属性是一个必需的属性，它规定在图像无法显示时的替代文本。alt 属性指定了替代文本，用于在图像无法显示或者用户禁用图像显示时，代替图像显示在浏览器中的内容。

🖉【示例 1.10】图片的使用

```
<!DOCTYPE html>
<html>
    <head>
        <meta charset="utf-8">
        <title> 商品展示 </title>
    </head>
    <body>
        <p>
            商品介绍: <img src="img/tel_2.jpg" alt=" 笔记本电脑 " style="vertical-
align: top;"/>商品名称：HW 笔记本，价格：3000 元
        </p>
        <p>
            商品介绍: <img src="img/tel_2.jpg" alt=" 笔记本电脑 " style="vertical-
align: middle;"/>商品名称：HW 笔记本，价格：3000 元
        </p>
        <p>
            商品介绍: <img src="img/tel_2.jpg" alt=" 笔记本电脑 " /> 商品名称：
HW 笔记本，价格：3000 元
        </p>
    </body>
</html>
```

在 img 标签的样式中设置文字与图片的对齐方式分别为顶端对齐 top、居中对齐 middle、默认为底部对齐。网页显示效果如图 1.18 所示。

图 1.18　图片与文字的对齐

1.3.2　图片的相对路径与绝对路径

在 HTML 中，<img> 标签的 src 属性用于设置图片的位置，如果 src 的路径设置错误，则会导致 <img> 标签引用的图片不能显示。为了避免这些错误，必须正确地引用文件路径及名称。HTML 路径有两种类型：相对路径和绝对路径。

（1）相对路径：相对于当前页面的路径。

如果网页和所引用的图片在同一个目录中，则直接引用文件名即可。例如，在 project 目录中，有 index.html 页面和 bg.jpg 图片，在 index.html 页面中引用 bg.jpg 图片的代码为 <img src="bg.jpg"/>。

如果所要引用的图片位于网页的上一级目录中，则使用 "../" 符号，该符号表示当前目录的上级目录，依此类推 "../../" 表示当前目录的上上级目录。例如，在 project 目录下有 bg.jpg 图片和 page 目录，在 page 目录下有 index.html 页面，在 index.html 页面的 <img> 标签中引用 bg.jpg 图片的代码为 <img src="../bg.jpg"/>。

如果所要引用的图片在页面的下一级目录中，则直接写目录和文件名即可。例如，在 project 目录下有 index.html 页面和 images 目录，在 images 目录中有 bg.jpg 图片，则在 index.html 页面中引用 bg.jpg 图片的代码为 <img src="images/bg.jpg"/>。

提问：如果在 project 目录下有 images 目录和 page 目录，在 images 目录下有 bh.jpg 图片，在 page 目录下有 index.html 文件，那么在 index.html 页面中使用 bh.jpg 图片的 HTML 代码如何编写？

（2）绝对路径：文件所在位置的完整路径。

图片的绝对路径指的是图片所在位置的完整路径，它分为本地绝对路径和网络绝对路径。本地绝对路径是包括盘符和目录的完整路径。例如，在 D 盘中有一个 project 目录，在 project 目录下有一个 images 目录，在 images 目录下有一个 product.jpg 图片。那么，product.jpg 的绝对路径是 "C:\project\images\product.jpg"。网络绝对路径即资源的网址，如 http://www.baidu.com/images/logo.png。

经验：引用另一个站点的资源时用网络绝对路径，访问本网站资源时用相对路径。

1.4　超链接标签

●视　频

超链接标签

网络中的资源不是孤立存在的，每个页面之间都可能存在联系，超链接允许网页之间建立连接，网页链接在一起后，才能真正构成一个网站。所谓的超链接是指从一个网页指向一个目标的连接关系，这个目标可以是另一个网页，也可以是同一个网页中的不同位置，还可以是一个 E-mail 地址等。

1.4.1　页面间链接

当打开百度时，进入百度首页，如图 1.19 所示。

图 1.19　百度首页

在首页中单击"新闻"超链接后，跳转到新闻页面，如图 1.20 所示。

图 1.20　百度新闻页面

单击相应新闻超链接，即可进入新闻详情页面。在 HTML 中，将一个页面链接到另一个页面，可以采用 <a> 标签来实现，其语法格式如下：

【语法】

<a href=" 链接地址 " target=" 目标窗口位置 "> 链接文字或图像 </a>

在超链接标签 <a> 中，href 属性表示链接资源的路径，可以是相对路径或绝对路径。target 属性指定链接在哪个窗口打开，常用的取值有 _self（自身窗口打开）、_blank（新建窗口打开）等。超链接的使用见示例 1.11。

【示例 1.11】超链接的使用

```html
<!DOCTYPE html>
<html>
    <head>
        <meta charset="utf-8">
        <title> 超链接的使用 </title>
    </head>
    <body>

        <h1> 搜索引擎汇总 </h1>
        <a href="http://www.baidu.com" target="_blank"> 百度一下 </a>
        <a href="http://www.soso.com"> 搜搜一下 </a>
        <a href="http://www.bing.com"> 必应搜索 </a>

    </body>
</html>
```

示例 1.11 的效果如图 1.21 所示。

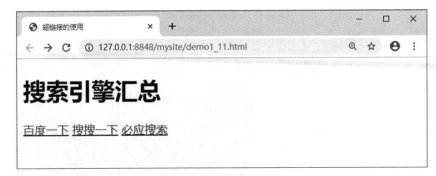

图 1.21　搜索页面的超链接

单击"百度一下"超链接，浏览器会链接到百度首页，打开新的页面，如图 1.22 所示。

图 1.22　打开百度链接

注意：超链接标签的属性 href 的取值为其链接页面的路径，可以使用链接页面的相对地址或绝对地址。其地址可以是本地的，也可以是网络中的 URL 路径（Uniform Resource Location，统一资源定位）。例如，http://www.baidu.com/index.html 就是一个网络 URL，而 C:\project\index.html 则是一个本地网页路径。超链接的相对路径可以参考图像标签中相对路径的说明，其原理相同。

在网页中，链接到自己网站的页面，可以通过网页的绝对路径或相对路径来完成。如链接到上一节的商品信息页面。

【示例 1.12】 网站内页面间的链接

```
<!DOCTYPE html>
<html>
    <head>
        <meta charset="utf-8">
        <title> 超链接的使用 </title>
    </head>
    <body>
```

```
    <h1>搜索引擎汇总</h1>
    <a href="http://www.baidu.com" target="_blank">百度一下</a>
    <a href="http://www.soso.com">搜搜一下</a>
    <a href="http://www.bing.com">必应搜索</a>
    <a href="demo1_10.html">商品信息</a>
    </body>
</html>
```

显示效果如图 1.23 所示。

图 1.23　添加商品信息链接

单击"商品信息"超链接跳转到商品展示页面。

1.4.2　锚点链接

如果一个页面的内容过多，导致页面过长，则用户需要不停地拖动滚动条来查看文档中的内容，为了方便用户阅读过长的页面内容，可以使用锚点链接。

使用锚点链接的步骤如下：

（1）在页面中创建锚点，使用 <a> 标签的 name 属性创建锚点。其语法如：<a name=" 锚点名称 "> 内容 </a>。

（2）在页面中创建锚点链接，语法如：<a href="# 锚点名称 "> 内容 </a>。在超链接 href 属性值的 "#" 中，通知浏览器该链接将链接到页面内的某个锚点。

@【示例 1.13】锚点链接

```
<html>
    <head>
        <title>商品展示</title>
    </head>
    <body>
        <img src="images/taobao.png" /> 您好，欢迎来到淘宝网！<br/>
```

```
商品类别：
<a href="#sport">[ 运动服饰 ]</a> 
<a href="#digital"> [ 数码产品 ]</a> 
<a href="#goods">[ 日用百货 ]</a>
<p>
    <h4><a name="sport"> 运动服饰 <a></h4>
    <img src="images/s1.jpg"/>
    <img src="images/s2.jpg"/>
    <img src="images/s3.jpg"/>
</p>
<p>
    <h4><a name="digital"> 数码产品 <a></h4>
    <img src="images/d1.png"/>
    <img src="images/d2.png"/>
    <img src="images/d3.jpg"/>
</p>
<p>
    <h4><a name="goods"> 日用百货 <a></h4>
    <img src="images/g1.jpg"/>
    <img src="images/g2.jpg"/>
    <img src="images/g3.jpg"/>
</p>
    </body>
</html>
```

示例 1.13 在浏览器上显示的效果如图 1.24 所示。

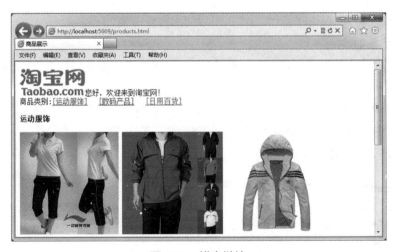

图 1.24 锚点链接

单击 "[数码产品]" 链接后跳转到相应的锚点处，效果如图 1.25 所示。

图 1.25　跳转到数码产品处的锚点

1.4.3　电子邮件链接

在 HTML 页面中，可以通过在超链接标签中插入 "mailto: 邮箱地址" 来实现在网页中发送电子邮件的功能，如 \<a href="mailto:webmaster@taobao.com"\>站长信箱 \<a\>，参考代码见示例1.14。

【示例 1.14】邮箱链接的使用

```
<html>
    <head>
        <title> 商品展示 </title>
    </head>
    <body>
        <img src="images/taobao.png" /> 您好，欢迎来到淘宝网！
        <a href="mailto:webmaster@taobao.com"> 站长信箱 <a><br/>
    商品类别 :<a href="#sport">[ 运动服饰 ]</a> <a href="#digital">[ 数
码产品 ]</a>  <a href="#goods">[ 日用百货 ]</a>
    </body>
</html>
```

示例 1.14 在浏览器中的显示效果如图 1.26 所示。

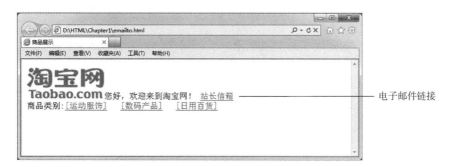

图 1.26　电子邮件链接效果图

1.5　块级标签与行内标签

1.5.1　div 标签和 span 标签

在排列网页内容时，有时会将某些标签放在一起进行排列，这样就需要一个标签将它们组成一个区块。在 HTML 中，可以通过 <div> 和 <span> 将 HTML 元素组合起来，div 标签和 span 标签均为容器类标签，可以在这两个标签内存放其他标签，但是两者之间也有区别，下面分别讲解这两个标签。

1. div 标签

【语法】

<div> 其他标签或者内容 </div>

<div> 元素没有特定的含义，是用于组合其他 HTML 元素的容器。它是块级元素，浏览器会在块级元素的起始和结束处换行。div 标签的使用见示例 1.15。

📎 **【示例 1.15】div 标签的使用**

```
<!DOCTYPE html>
<html lang="en">
    <head>
        <meta charset="UTF-8">
        <meta name="viewport" content="width=device-width, initial-scale=1.0">
        <title>div 标签的使用 </title>
    </head>
    <body>
    <div>
        <img src="images/phone1.jpg" alt=" 手机 " style="width: 150px;height: 160px;">
        <span style="font-size: 20px;color: red;"> 手机大卖场 </span>
    </div>
    <div>
        华为手机 | 联想手机 | Nokia 手机 | 三星手机 | 苹果手机 | 中兴手机
    </div>
    </body>
</html>
```

示例 1.15 在浏览器中的效果如图 1.27 所示。

图 1.27　div 标签的使用

2. span 标签

<span> 元素也没有特定的含义，可用作文本的容器。span 标签为行内元素，行内元素与其他行内元素并列在同一行显示，不会默认换行。span 标签的使用见示例 1.16。

【示例 1.16】span 标签的使用

```
<html>
    <head>
        <title>布局标签</title>
    </head>
    <body>
        <span>联想电脑</span>  |  <span>三星电脑</span> | <span>苹果电脑</span> |
        <span>华硕电脑</span> | <span>宏基电脑</span> | <span>DELL 电脑</span>
    </body>
</html>
```

示例 1.16 的效果如图 1.28 所示。

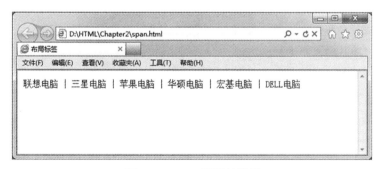

图 1.28　span 标签的使用

备注： 关于 div 和 span 标签的布局与修饰，将在后面的章节中重点讲解，此处只需要了解即可。

1.5.2　HTML 的标签分类

浏览器对 HTML 文档进行解析时，默认按照从左至右、从上至下的顺序进行，元素显示时有的从左至右排列，没有换行；有的从上至下排列，一个元素独占一行。按照标签的特性，可以将标签分为块级标签和行内标签。

（1）块级标签：块级标签组成的元素称为块级元素（block level）。块级元素在页面中的默认宽度是一整行，即在标签开始前和标签结束后会换行显示标签中的内容，不会与其前后的标签元素在同一行。常用的块级标签有：<h1>~<h6>、<p>、<hr>、<div>、<ul>、<li>、<ol>、<dl>、<dt>、<dd> 和 <table> 等。典型的块级标签为 div 标签，该标签常用作容器使用，即可以在该标签内"容纳"其他块级标签和行内标签。

（2）行内标签：行内标签又称行级标签，行内标签组成的元素称为行内元素（inline）。行内元素的宽度与高度由其内容来决定，它不会类似于块级元素默认占满一整行，行内元素和行内元素在排列时，之间不会自动换行，会逐一地在同一行内进行排列。常用的行级标签有：<a>、<font>、<img>、<input>、<select>、<textarea>、<label> 和 <span> 等。

提醒：块级标签 div 和行级标签 span 包含的内容默认没有格式意义。例如，当看到 <h1></h1> 标签时，会知道其中是标题；当看到 <p></p> 标签时，会知道其中是一个新的自然段。可是 div 和 span 标签并没有这样的意义。div 只是一个分块的标签，它可以将网页分为几个区块。div 中可能包含一个标题、一个段落，也可能包含图片在内的很多元素，甚至 div 也可以再包含 div。而 span 是行级元素（行内标签），通常情况下它都用于定义一小段文字的样式。在这两个标签的默认特征中，div 标签是块级标签，会占满一整行，而 span 标签是行内标签，不会占满一整行。

实践任务

任务 1　创建简易的个人简历页面
【需求说明】

个人简历页面分为三部分：个人基本信息与照片、教育经历、项目经验。

【实现思路】

（1）创建项目和网页。

（2）准备好照片和文字素材。

（3）编写 HTML 代码。

（4）运行网页。

【参考代码】

可以个性化制作个人简历页面，参考代码略。

任务 2　创建班级信息页面
【需求说明】

创建一个班级信息页面，在班级信息页面中，显示班级信息和学生姓名，每个学生姓名链接到任务 1 中的学生简历信息中，查看学生的信息。

【实现思路】

（1）创建班级页面。

（2）添加学生信息链接。

（3）运行页面，单击学生姓名进入学生页面。

【参考代码】

可以个性化制作班级页面，参考代码略。

小　　结

本章主要讲解了网页的基本结构与常用标签，并对标签的显示方式进行了分类，主要内容的思维导图如下所示。

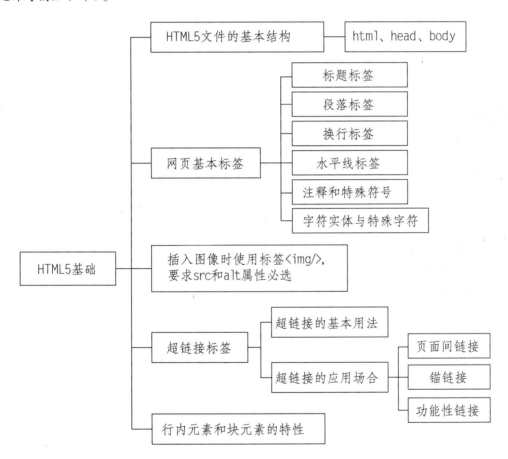

习　　题

一、选择题

1. 在 HTML 文档中，设置页面的标题使用（　　）标签。

　　A. <p>　　　　　　　　B. <a>　　　　　　　　C. <img>　　　　　　　D. <title>

2. 下列关于 HTML 标签的说法正确的是（　　）。

A. HTML 的标签通常是成对出现的　　　B. HTML 的标签都不用结束

C. HTML 的标签可以自己定义　　　D. HTML 的标签可以交叉嵌套

3. 下列关于 <img> 标签的说法错误的是（　　）。

　A. <img> 标签的 src 属性用于指定显示图片的路径

　B. <img> 标签的 src 属性必须使用绝对地址

　C. <img> 标签的 alt 属性可以用于指定图片的提示信息

　D.<img> 标签的 width 和 height 属性用于指定图像的宽度和高度

4. 下列关于超链接的说法错误的是（　　）。

　A. 超链接用 <a> 标签来表示

　B. 使用超链接可以实现发送邮件

　C. 在页面内，超链接指向锚点用 "&" 符号来表示

　D. 超链接的 target 属性用于设置链接页面的路径

5. 下面选项中，可以将 HTML5 页面的标题设置为 "网页设计" 的是（　　）。

　A. <head> 网页设计 </head>　　　B. <title> 网页设计 </title>

　C. <h> 网页设计 </h>　　　D. <t> 网页设计 </t>

6. 下列属性中，用于设置鼠标悬停时图像的提示文字的是（　　）。

　A. title　　　　　B. alt　　　　　C. width　　　　　D. height

7. 若超链接的 href 属性需要链接到 list 页面中的 one 锚点，以下书写正确的是（　　）

　A. list.html　　　B. #one.list　　　C. list#one　　　D. list.html#one

8. 下列标记中，用于定义 HTML5 文档所要显示内容的是（　　）。

　A. <head></head>　　B. <body></body>　　C. <html></html>　　D. <title></title>

9. 下面标记中，表示换行的标记是（　　）。

　A. <h1>　　　　　B. <enter>　　　　　C.
　　　　　D. <hr />

10. 下列选项中，不属于 HTML5 转义字符的是（　　）。

　A. 　　　　B. <　　　　C. >　　　　D. ⊤

二、简答题

1. HTML 文档的基本结构由哪几部分组成？分别使用什么标签来实现？

2. 图片标签有哪些常用的属性？各属性的作用是什么？

3. 使用超链接有哪些常用的功能？实现这些功能的语法是什么？

4. 常见的图像格式有哪几种？请简单描述它们的区别。

第2章
CSS 样式入门

本章简介

第1章学习了 HTML 的标签，通过各种标签可以制作出各种类型的网页。在网页中，不仅需要通过标签封装网页的内容，而且还通过标签的属性修饰美化内容，这样导致了内容和修饰相耦合，不利于网页的维护，且使用标签内在的属性修饰网页内容也存在局限性。本章将学习 CSS 样式表，通过 CSS 样式表修饰美化页面，能很好地分离内容与修饰，且 CSS 修饰页面内容的功能非常强大，能做出绚丽多彩的页面。学完后要求掌握 CSS 的基本语法和使用方式，重点掌握常用的文本、字体以及背景相关的样式，通过这些样式美化我们的网页，本章的难点是理解盒子模型及其相关属性的使用。

学习目标

- ◆ 掌握 CSS 的基本语法
- ◆ 使用文本和字体样式美化页面
- ◆ 盒子模型
- ◆ 使用背景样式美化页面

实践任务

- ◆ 任务1　重构百度首页
- ◆ 任务2　制作百度登录与注册页面

2.1　CSS 的基本语法

2.1.1　CSS 样式表概述

之前制作的页面中，页面的修饰美化均通过标签的属性来完成，标签在 HTML 页面中，不仅用于存放网页内容，而且还要修饰美化网页内容，会导致网页内容的组织与美化相耦合。使用标签修饰网页内容不利于内容与表现相分离，制作成本较大，不利于后期的维护与扩展。那么，能否使用一套完整的修饰美化技术，来对网页内容进行修饰，且独立于标签，使内容与修饰美化相分离呢？ CSS 样式表就是修饰网页的一种技术，使用 CSS 样式表可以对同一个网页内容进行不同的修饰，产生不同的风格页面，便于网页风格的切换。样式中丰富的属性能对页面元素进行各种修饰与美化，可以制作更加绚丽多彩的网页效果。同一个样式可以作用于不同的标签和不同的页面，可以使页面保持统一的风格。以百度首页为例，没有使用CSS的效果如图2.1 所示，使用 CSS 修饰后的效果如图 2.2 所示。

图 2.1　没有使用 CSS 样式表修饰的百度首页

图 2.2　使用 CSS 样式表修饰的百度首页

与使用 HTML 标签修饰页面相比，使用 CSS 样式表主要有以下优势：

1. 丰富的修饰样式

在 CSS 样式表中，提供了丰富的属性与各种取值，使用样式表能对网页内容进行所想即所得的各种修饰。在 CSS 中，提供了对文本、背景、列表、超链接、元素边框以及元素边距等进行修饰的各种样式，可以实现各种复杂、精美的页面效果。

2. 内容与修饰分离，利于项目开发

使用 CSS 样式表，可以真正做到网页内容与修饰美化的分离，或者称为内容与表现分离。在制作网页时，只需要通过标签组织内容，然后通过 CSS 样式表修饰页面内容，且 CSS 修饰的部分无须耦合在标签中，可以独立于页面中的 HTML 标签。

3. 实现样式复用，提高开发效率

同一个网站的多个页面可以使用同一个样式，同一个页面中的多个标签可以使用同一个样式，提高了网站的开发效率，同时也方便了对网站的更新和维护，如果需要更新网站外观，则更新网站的样式表即可。

4. 实现页面的精确控制

CSS 样式表具有强大的样式控制能力和排版布局能力，通过各种选择器对页面元素的控制，不仅能修饰页面内容，还可以控制页面元素的位置等。

2.1.2 样式表的基本语法

使用 CSS（Cascading Style Sheets，层叠样式表）样式表可以修饰美化网页内容。样式表由样式规则组成，这些规则告知浏览器如何显示 HTML 文档。一个样式（style）的基本语法由选择器、属性和属性值三部分构成。下面先了解其基本结构及相关概念。

层叠样式表通常用 <style> 标签来声明样式规则，即告诉浏览器如何显示页面中各类元素，其基本结构如下：

【语法】

```
<style type="text/css">
    选择器 {
        属性1：属性值1；
        属性2：属性值2；
        …
    }
</style>
```

其中，选择器表示被修饰的对象，如页面中被修饰的段落 <p>、列表 <li> 等；属性是希望改变的样式，如颜色 color、字体大小 font-size 等。属性和属性值用冒号（：）隔开。例如，假设页面中所有的 <li> 标签的文字颜色为红色，字体大写为 30 px，字体类型为隶书。对应的样式规则为：

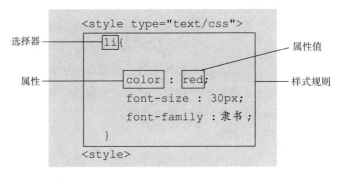

经验：CSS 样式的代码有以下规范。

（1）虽然 CSS 代码不区分大小写，但推荐全用小写。

（2）每条样式规则用分号（；）隔开，通常写为多行，简单的规则也可以合并为一行。

（3）当 CSS 代码较多时，可以使用"/*……*/"添加必要的注释，增加代码的可读性。

2.1.3 样式表的选择器

根据选择器表示所修饰的内容类别，选择器又分为标签选择器（元素选择器）、类选择器和 ID 选择器。

1. 标签选择器

当需要对页面内某类标签的内容进行修饰时，采用标签选择器，这些标签可以是前面章节学过的所有 HTML 标签。其用法如下。

```
<style type="text/css">
    标签名 {
        属性 1：属性值 1；
        属性 2：属性值 2；
        ...
    }
</style>
```

例如，希望修饰页面中的所有项目列表项（<li>）的样式为：字体大小为 18 px、蓝色、黑体，如图 2.3 所示。对应的 CSS 代码见示例 2.1。

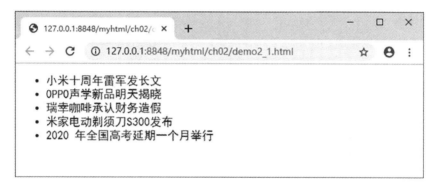

图 2.3　标签选择器示例效果图

📎【示例 2.1】标签选择器应用

```
<!DOCTYPE html>
<html>
    <head>
        <meta charset="utf-8">
        <title> 标签选择器 </title>
        <style type="text/css">
            li {
                color:blue;            /* 字体颜色为蓝色 */
                font-size:18px;        /* 字体大小为 18px*/
                font-family: 黑体 ;    /* 字体类型为黑体 */
            }
        </style>
    </head>
    <body>
        <div>
        <ul>
            <li> 小米十周年雷军发长文 </li>
```

```
            <li>OPPO 声学新品明天揭晓 </li>
            <li> 瑞幸咖啡承认财务造假 </li>
            <li> 米家电动剃须刀 S300 发布 </li>
            <li>2020 年全国高考延期一个月举行 </li>
        </ul>
        </div>
    </body>
</html>
```

需要注意的是，本例为了讲解方便，将 CSS 样式放置于 <head> 区域内，实现了内容和样式的分离。还可以将 CSS 样式单独放置于另一个样式文件中，此点将在后续内容中进行讲解。

2. 类选择器

从示例 2.1 中可以看出，使用标签选择器修饰的范围比较广，如果希望设置个别 <li> 元素的样式和其他 <li> 元素不同，则可以采用类选择器，使用类选择器分以下两步：

（1）定义类样式。语法如下：

```
<style type="text/css">
    . 类名 {
        属性 1: 属性值 1;
        属性 2: 属性值 2;
        ...
    }
</style>
```

（2）应用类样式。在标签中使用 class 属性设置标签的类名，即 < 标签名 class=" 类名 "> 标签内容 </ 标签名 >。标签中的类名定义完毕后，就会在标签内容中应用该类名所对应的样式。

注意： 在定义类样式时，类名前有一个点号（.），在标签中为标签设置类名无须加点号。

例如，修改示例 2.1，希望列表项中第一条和第三条新闻的颜色为红色，如图 2.4 所示，对应的 CSS 代码见示例 2.2。

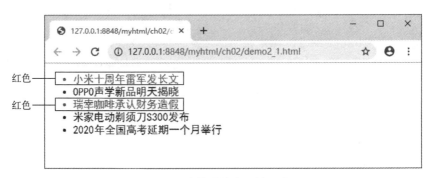

图 2.4　类样式的应用效果图

📎【示例 2.2】类样式选择器案例

```html
<!DOCTYPE html>
<html>
    <head>
          <meta charset="utf-8"/>
    <title> 新闻列表 </title>

    <style type="text/css">
        li {
          color:blue;
          font-size:18px;
          font-family: 黑体 ;
        }
        .red {
          color:red;              /* 字体颜色为红色 */
        }
    </style>
    </head>
    <body>
    <div>
        <ul>
            <li class="red"> 小米十周年雷军发长文 </li>
            <li>OPPO 声学新品明天揭晓 </li>
            <li class="red"> 瑞幸咖啡承认财务造假 </li>
            <li> 米家电动剃须刀 S300 发布 </li>
            <li>2020 年全国高考延期一个月举行 </li>
        </ul>
    </div>
    </body>
</html>
```

　　页面中 <li> 列表项中的第一条和第三条新闻信息既使用了标签选择器中的样式，也同时运用了类选择器中的样式，最终在有冲突的样式属性中会采用类样式中的属性值，这是因为类选择器的优先级大于标签选择器的优先级。

3. ID 选择器

　　HTML 中的标签均可设置 ID 属性，ID 属性类似于页面中元素的身份证，ID 属性作为 HTML 元素的唯一标识，要求页面内不能有重复的 ID 标识属性。ID 选择器中的样式修饰对应 ID 标识的 HTML 元素内容，在实际应用中常与 <div> 标签配合使用，表示修饰对应 ID 标识的某个 div 区块，其使用步骤如下：

　　（1）使用 ID 属性标识被修饰的页面元素，如 <div id="ID 标识名 ">。

（2）定义相应的 ID 选择器样式，语法如下：

```
<style type="text/css">
    #ID 标识名 {
        属性1：属性值1；
        属性2：属性值2；
        ...
    }
</style>
```

需要注意的是，为标签设置 ID 属性时无须加"#"号，而在 ID 选择器中设置样式时，ID 标识名前面要添加"#"号。与类选择器不同，ID 选择器的目的是修饰页面内某个特定的元素内容，而类选择器定义的样式是为了让多个 HTML 元素共享。例如，修改示例 2.2，设置 div 的 id 名称为 news，并设置其背景为浅黄色、字体为 12 px、宋体、黑色，实现代码见示例 2.3。

【示例 2.3】ID 样式选择器示例

```
<!DOCTYPE html>
<html>
    <head>
        <meta charset="utf-8"/>
        <title> 新闻列表 </title>
        <style type="text/css">
            #news {
                background-color:#FFFFAA;        /* 设置背景颜色为浅黄色 */
                font-size:12px;                  /* 字体大小为 12px*/
                font-family: 宋体；               /* 字体为宋体 */
                width:330px;                     /* 内容宽度为 330px*/
            }
        </style>
    </head>
    <body>
        <div id="news">
        <ul>
            <li> 小米十周年雷军发长文 </li>
            <li>OPPO 声学新品明天揭晓 </li>
            <li> 瑞幸咖啡承认财务造假 </li>
            <li> 米家电动剃须刀 S300 发布 </li>
            <li>2020 年全国高考延期一个月举行 </li>
        </ul>
        </div>
    </body>
</html>
```

示例 2.3 在 IE9 浏览器中的显示效果如图 2.5 所示。

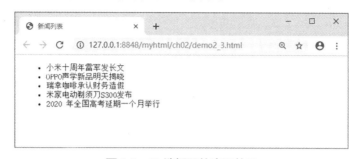

图 2.5 ID 选择器的应用效果

注意： CSS 样式允许页面内的元素同时应用多个样式（即叠加），页面内的元素还可以继承父级元素的样式，页面元素最终的样式即为多种样式的叠加效果。当一个元素同时应用多个样式时会产生冲突，CSS 样式会以选择器的优先级来解决此类问题，CSS 中规定的优先级规则为：ID 选择器 > 类选择器 > 标签选择器。如果优先级相同，则 CSS 会采用就近原则来使用样式。

2.2 常见的样式属性及其应用

修饰网页元素的 CSS 样式属性有很多，常用的样式分为：文本及字体样式、背景样式、超链接样式、列表样式以及盒子模型样式等，同学们还可以通过查阅参考资料学习更多的样式。下面开始逐一介绍常见样式中各个属性的用法。

视频

文本样式

2.2.1 文本及字体属性

文本属性用于定义文本的外观，包括文本颜色、行高、对齐方式以及字符间距等，常用的文本属性见表 2.1。

表 2.1 常用的文本属性

属 性 名	含 义	应用场景
line-height	设置行高（即行间距），常用取值为 25 px、28 px	布局多行文本
text-align	设置对齐方式，常用的取值为 left、right、center	各种元素对齐
letter-spacing	设置字符间距，常用的取值为 3 px、8 px	加大字符间隔
text-decoration	设置文本修饰，常用的取值为 underline（下画线）、none	加下画线，中画线等

字体属性用于定义字体类型、字号大小以及字体是否加粗等，常用的字体属性见表 2.2。

表 2.2 常用的字体属性

属 性 名	含 义	举 例
font	设置字体的所有样式属性	font : bold 12px 宋体；

属 性 名	含 义	举 例
font-family	定义字体类型	font-family : 宋体 ;
font-size	定义字体大小	font-size : 12px;
font-weight	定义字体粗细	font-weight : bold;
color	字体颜色	color:red;（颜色取值可以为颜色的英文单词，也可以采用 #000000~#FFFFFF 之间的取值）

其中，font-family、font-size 等都是 font 属性的子属性，所以一般常使用字体属性的缩写形式，即利用 font 属性一次性设置字体的所有样式属性，如"font:bold 12px 宋体 ;"，但需要注意三种样式的顺序依次为字体粗细、大小、字体类型。

下面我们使用文本及字体样式实现图 2.6 所示的页面效果，实现代码见示例 2.4。

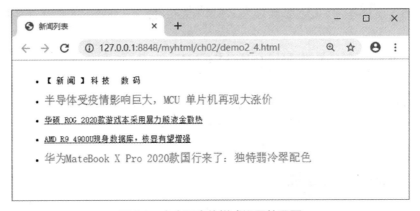

图 2.6　文本及字体样式设置效果图

*【示例 2.4】文本及字体样式设置

```
<!DOCTYPE html>
<html>
    <head>
    <meta charset="utf-8"/>
    <title>新闻列表</title>
    <style type="text/css">
        /* 列表项的样式 */
        li {
            font:12px 宋体 ;
            line-height:28px;
            text-align:left;
        }
        /* 新闻类别标题的样式 */
```

```
        .title {
            font-family:bold 14px 黑体;
            letter-spacing:5px;
        }
        /* 突出显示新闻条目的样式 */
        .bigFont{
            font-size:16px;
            color:red;
            text-decoration:none;
        }
    </style>
</head>
<body>
    <div id="news">
    <ul>
        <li class="title">【新闻】科 技　数 码</li>
        <li><a href="#" class="bigFont">半导体受疫情影响巨大, MCU 单片机再
现大涨价</a></li>
        <li><a href="#">华硕 ROG 2020 款游戏本采用暴力熊液金散热</a></li>
        <li><a href="#">AMD R9 4900U 现身数据库, 核显有望增强</a></li>
        <li><a href="#" class="bigFont">华为 MateBook X Pro 2020 款国行
来了: 独特翡冷翠配色</a></li>
    </ul>
    </div>
</body>
</html>
```

　　在示例 2.4 中, 因为超链接有默认的样式, 会为超链接的内容添加下画线, 那么如何删除其中某部分链接内容的下画线呢? 可以使用类选择器, 在该选择器中添加 "text-decoration:none;", 则该属性可以清除超链接中的下画线。

　　提示: 选择器也可以由多个选择器组成, 如果多个选择器用空格分隔则表示上下级元素, 即 "某个标签内的某个元素的样式", 又称包含选择器。例如, ul li a {color:red;}, 表示 ul 标签中的 li 标签下的 a 标签的字体设置为红色。

　　多个选择器用逗号分隔, 表示多个选择器共用一套样式规则, 即 "多个元素均采用这种样式", 又称组选择器或群选择器。例如, body,div,p {font-size:12px;}, 表示 body 标签、div 标签和 p 标签中的字体大小均为 12 px。

2.2.2　盒子模型

　　CSS 盒子模型(box model)是在 HTML 中将所有元素均可看作盒子, 它们都由边界(margin)、边框(border)、填充(padding)和内容(content)组成, 如图 2.7 所示。

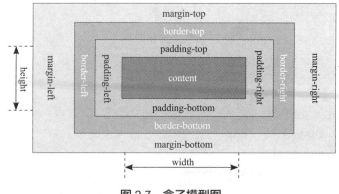

图 2.7　盒子模型图

CSS 中的盒子模型和生活中的盒子类似，如图 2.8 所示。日常生活中所见的盒子即能装东西的一种箱子，内容就是盒子中装的东西；而填充则是因担心盒子中装的东西（贵重的）损坏而添加的泡沫或其他抗震的辅料；边框就是盒子本身；至于边界，则指盒子与其他盒子之间的距离。在网页设计上，内容常指文字、图片等元素，但是也可以是小盒子（嵌套的 HTML 元素）；填充是指内容与盒子边框之间的填充厚度；边框是指盒子的外围，它有边框颜色、边框厚度等属性；边界是指 HTML 元素（盒子）与其他元素之间的距离。

图 2.8　生活中的盒子

注意：

（1）每个 HTML 标记均可看作一个盒子。

（2）每个盒子都有边界、边框、填充、宽度和高度五个属性。

（3）盒子中的 margin、padding 和 border 属性均包括四部分：上（top）、右（right）、下（bottom）、左（left）。这四部分可同时设置，也可分别设置。

（4）盒子内容的大小可以通过宽度（width）和高度（height）进行设置。

网页中盒子模型的各属性可以参考图 2.9 中的标注，其属性含义见表 2.3。下面将分别介绍盒子模型相关属性的使用。

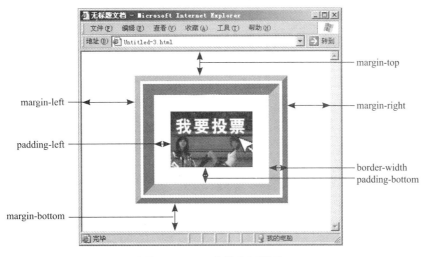

图 2.9　网页中的盒子模型

表 2.3　常用的盒子模型的属性

类　别	属　性	说　明
边界属性 （外边距）	margin-top	设置元素上方的外边距，取值一般为像素，如 margin-top:20px;
	margin-right	设置元素右方的外边距
	margin-bottom	设置元素下方的外边距
	margin-left	设置元素左方的外边距
	margin	同时设置上、右、下、左外边距的值
边框属性	border-style	设置边框的样式，取值有 none 无边框、solid 实线以及 dashed 虚线
	border-width	设置边框的宽度
	border-color	设置边框的颜色，如 border-color:red; 或 border-color:#CCCCCC;
	border	同时设置上、右、下、左边框的值
填充属性 （内边距）	padding-top	设置元素上方的内边距，取值一般为像素，如 padding-top:10px;
	padding-right	设置元素右方的内边距
	padding-bottom	设置元素下方的内边距
	padding-left	设置元素左方的内边距
	padding	同时设置上、右、下、左内边距的值
内容属性	width	元素中内容所占宽度，取值一般为像素，如 width:100px;
	height	元素中内容所占高度

提示： 盒子模型中的 margin、padding 和 border 均有上（top）、右（right）、下（bottom）、左（left）四个方向，可以设置各个方向上的取值一样，也可以分别设置各方向的属性。当

margin、padding 和 border 中某个属性取一个值时，则所有方向上的取值都一样。当 margin 和 padding 属性分别设置 4 个方向的值时，取值的顺序必须按顺时针方向排列，即上、右、下、左，值之间用空格隔开；如果同时设置两个值时，则前面的值表示上下的取值，后面的值表示左右的取值，值之间用空格隔开。

1. border（边框）

元素的边框（border）是围绕元素内容和内边距的一条或多条线，border 属性允许开发者规定元素边框的样式、宽度和颜色。下面通过示例 2.5 介绍 border 边框的使用，实现如图 2.10 所示的效果。

文本输入框宽度为 300 px，高度为 23 px，边框为黑色的实线

<div> 边框为虚线，灰色，宽度为 3 px

图 2.10　边框的使用效果

📎【示例 2.5】边框样式设置

```
<!DOCTYPE html>
<html>
    <head>
        <meta charset="utf-8"/>
        <title>新闻列表</title>
        <style type="text/css">
            /* 设置层的样式 */
            #top {
                border-style:dashed;        /* 设置层边框样式为虚线 */
                border-color:#CCC;          /* 设置层的边框的颜色为灰色 */
                border-width:3px;           /* 设置层的边框的宽度为 3 px*/
            }
            /* 设置搜索输入框的样式 */
            .SearchBox {
                width:300px;
                height:23px;
                            /* 同时设置上、右、下、左边框的宽度、样式、颜色 */
                border:1px solid black;
            }
        </style>
    </head>
    <body>
        <div id="top">
            宝贝搜索 :<input type="text" name="search" class="SearchBox"/>
```

```
                <input type="button" value=" 搜索 " />
        </div>
    </body>
</html>
```

2. padding（填充）

元素的填充又称内边距，它是指元素内容与边框之间的距离，填充分为上、下、左、右四个方向。下面修改示例 2.5 的代码，为页面中的 div 添加填充（上边距为 50 px，左边距为 200 px），代码见示例 2.6。

🖉【示例 2.6】填充样式设置

```
<!DOCTYPE html>
<html>
    <head>
        <meta charset="utf-8"/>
        <title> 新闻列表 </title>
        <style type="text/css">
            /* 设置层的样式 */
            #top {
                border-style:dashed;
                border-color:#CCC;
                border-width:3px;
                padding-top:50px;         /* 设置层的上边距为 50 px*/
                padding-left:200px;       /* 设置层的左边距为 200 px*/
            }
            /* 设置搜索输入框的样式 */
            .SearchBox {
                width:300px;
                height:23px;              /* 同时设置上、右、下、左边框的宽度、样式、颜色 */
                border:1px solid black;
            }
        </style>
    </head>
    <body>
        <div id="top">
            宝贝搜索 :<input type="text" name="search" class="SearchBox"/>
                    <input type="button" value=" 搜索 " />
        </div>
    </body>
</html>
```

示例 2.6 在浏览器中的效果如图 2.11 所示。

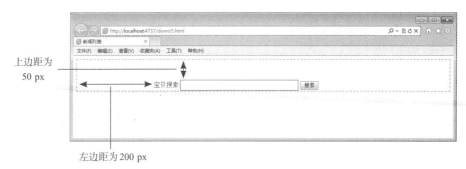

图 2.11　设置填充的效果图

3. margin（边界）

边界是指页面中元素与元素之间的间隔，margin 也分为上、下、左、右四个方向，下面在页面中添加上下两个层（div），设置它们的高度分别为 100 px，边框宽度为 2 px 的黑色实线，元素宽度为默认值。效果如图 2.12 所示。

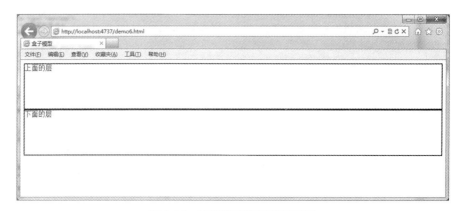

图 2.12　没有设置边界的效果图

图 2.12 所在页面的 CSS 代码如下：

```
<style type="text/css">
    #top {
        height:100px;               /* 设置层的高度 100 px*/
        border:2px solid black;     /* 设置层的边框 */
    }
    #footer {
        height:100px;
        border:2px solid black;
    }
</style>
```

可以通过 margin 属性设置上下两个层之间的间隔，下面设置它们的上下间隔为 50 px，代码如下：

```
<style type="text/css">
    /* 设置层的样式 */
    #top {
        height:100px;
        border:2px solid black;
        margin-bottom:50px;          /*设置层的下面的外边距 */
        }
    #footer {
        height:100px;
        border:2px solid black;
        }
</style>
```

在上述代码中，也可以设置 id 为 footer 的层的 margin-top 为 50 px，能实现同一个效果。设置边界后，页面效果如图 2.13 所示。

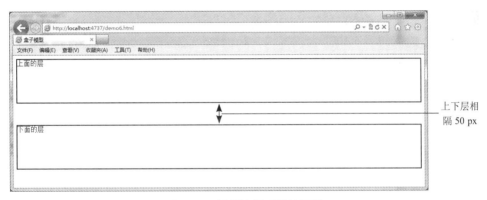

图 2.13　设置边界后的效果图

提醒：在设置 margin 时，两个元素的上下边界都设置了 margin 值，则取上边距或下边距中的较大值为两个元素的上下间隔。如果是左右边界，则取两个元素左右边界 margin 值的和为最终两个元素的间隔。

4. width 和 height

在 HTML 中，通过 width 和 height 属性分别设置元素内容的宽度和高度，默认情况下只有块级元素才能通过设置 width 和 height 属性改变大小。行内元素的宽度与高度由内容自身的大小来决定，设置 width 和 height 对行内显示的元素没有作用（除非行内元素以块级方式显示）。下面通过示例 2.7 来对此进行讲解。

【示例 2.7】块级元素和行内元素设置宽与高

```
<!DOCTYPE html>
<html>
    <head>
```

```
    <meta charset="utf-8"/>
    <title> 新闻列表 </title>
    <style type="text/css">
    body {
        font:20px " 微软雅黑 ";
    }
    /* 设置行内元素的宽度和高度 */
    #box1 {
        width:300px;
        height:200px;
        border:2px solid blue;
    }
    /* 设置块级元素的宽度和高度 */
    #box2 {
        width:300px;
        height:200px;
        border:2px solid red;
        margin-top:5px;
    }
    </style>
</head>
<body>
    <span id="box1"> 行内元素 </span>
    <div id="box2"> 块级元素 </div>
</body>
</html>
```

示例 2.7 在浏览器中显示的效果如图 2.14 所示。

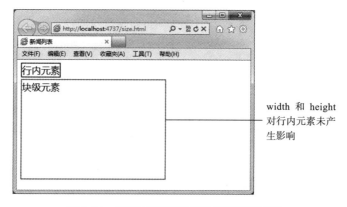

图 2.14 块级元素和行内元素设置宽与高

在图 2.14 中，可以看到行内元素虽然设置了宽度与高度，但是设置对该行内元素未产生任何作用。

注意：元素在浏览器中显示的实际宽度 = 元素的宽度（width）+ 左填充（padding-left）+ 右填充（padding-right）+ 左边框（border-width）+ 右边框（border-width）。高度的计算与宽度类似。

盒子的总尺寸不但包括内容宽度还包括内填充和边框宽度，为了解决这个问题，CSS 增加了一个盒子模型属性 box-sizing，用于事先定义盒子模型的尺寸解析方式，语法如下：

```
box-sizing:content-box | border-box | inherit
```

box-sizing 的属性值说明如下：

（1）content-box，这是由 CSS 2.1 规定的宽度、高度行为。宽度和高度分别应用到元素的内容框。在宽度和高度之外绘制元素的内边距和边框。

（2）border-box，为元素设定的宽度和高度决定了元素的边框盒。就是说，为元素指定的任何内边距和边框都将在已设定的宽度和高度内进行绘制。通过从已设定的宽度和高度分别减去边框和内边距才能得到内容的宽度和高度。

（3）inherit，规定应从父元素继承 box-sizing 属性的值。

2.2.3　背景属性

背景属性用于定义页面元素的背景色或背景图片，同时还可以精确控制背景出现的位置和平铺方向等，恰当地使用背景属性，可以使页面美观且显示速度快，常用的背景属性见表 2.4。

表 2.4　常用的背景属性

背 景 属 性	含　　义
background	简写属性，用于将背景属性设置在一个声明中
background-color	设置背景颜色
background-image	设置背景图片
background-repeat	设置背景的平铺方式
background-position	设置背景出现的初始位置

背景属性使用语法格式如下：

（1）背景颜色 {background-color: 颜色 }。

（2）背景图片 {background-image: url(图片文件路径) | none}。

（3）背景重复 {background-repeat:inherit | no-repeat|repeat | repeat-x | repeat-y}。

（4）背景定位 {background-position: 数值 | top|bottom | left|right | center}。

（5）背影样式 {background: 背景颜色 | 背景图象 | 背景重复 | 背景位置 }。

下面通过背景样式实现如图 2.15 所示的效果，实现代码见示例 2.8。

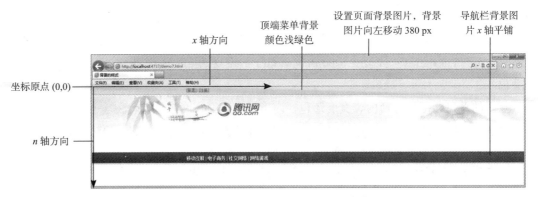

图 2.15　背景相关样式的使用示例效果图

【示例 2.8】背景相关样式设置

```
<!DOCTYPE html>
<html>
    <head>
        <meta charset="utf-8"/>
        <title> 背景的样式 </title>
        <style type="text/css">
            body {
                background-image:url(images/duanwu.png);        /* 设置页面背景图片 */
                background-position-x:-380px;                    /* 背景向左移动 380 px*/
                background-repeat:no-repeat;                     /* 背景不平铺 */
                margin:0px;                                      /* 去掉默认的边界值 */
                font-size:12px;                                  /* 设置字体大小为 12 px*/
            }
            #topmenu {
                background-color:#dceeae;                        /* 设置顶端层的背景颜色 */
                border-bottom:2px solid #ccc;                    /* 设置层的底部边框 */
                height:25px;                                     /* 顶端菜单的高度 */
                line-height:25px;                                /* 行高为层的高度，可以
                                                                    使字体垂直居中 */

                padding-left:300px;                              /* 设置左边填充 */
            }
            #nav {
                margin-top:179px;                                /* 设置顶端边界 */
                background-image:url(images/news_nav.gif);       /* 背景图片 */
                background-repeat:repeat-x;                      /* 背景 x 轴水平平铺，实
                                                                    现小图片节省流量 */

                height:39px;                                     /* 导航栏的高度 */
                line-height:39px;                                /* 行高 */
                color:#FFF;                                      /* 字体颜色 */
```

```
                 font-weight:bold;
                 font-size:14px;
                 padding-left:300px;                      /* 左边填充 300 px*/
             }
        </style>
    </head>
    <body>
        <div id="topmenu"><a href="#">[登录]</a> | <a href="#">[注册]</a></div>
        <div id="nav">移动互联 | 电子商务 | 社交网络 | 网络游戏</div>
    </body>
</html>
```

注意： 在使用背景属性时，如果元素的宽度与高度为 0，则背景不会被显示出来，背景是在元素内容之下，对元素的背景起修饰作用，不是元素内容的一部分。

2.3 样式使用分类

视频●
样式使用分类

通过前面的学习，了解了常见的样式属性，通过不同的样式可以对页面内的元素进行修饰。在前面的示例中，样式均写在页面 <head> 标签内的 <style> 标签中，通过这种形式的应用，可以对页面中的元素进行统一修饰，这种使用方式称为内嵌样式，除了使用内嵌样式外，样式的使用还有行内样式和外部样式。

2.3.1 行内样式表

行内样式使用元素标签的 style 属性定义。使用语法如下：

【语法】

```
<标签名 style="样式属性：属性值;">......</标签名>
```

行内样式通常用于对页面中某个具体的元素进行单独修饰。例如，有两段文本内容，其中一段内容需要强调突出显示，如图 2.16 所示，则可在该段添加 style 属性，见示例 2.9。

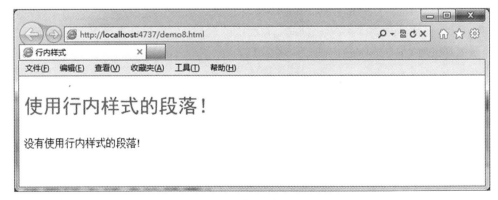

图 2.16　行内样式使用的效果图

📎【示例 2.9】行内样式设置

```
<!DOCTYPE html>
<html>
    <head>
        <meta charset="utf-8"/>
        <title> 行内样式 </title>
    </head>
    <body>
        <p style="color:red;font-size:30px;font-family: 黑体 ;">
        使用行内样式的段落！
        </p>
        <p>
        没有使用行内样式的段落！
        </p>
    </body>
</html>
```

2.3.2　内嵌样式表

内嵌样式表是写在 <head> 与 </head> 标签中的，如果希望对本网页的某些标签采用统一的样式，则应采用内嵌样式，使用格式如下：

```
<head>
    <style type="text/css">
        选择符 {样式属性: 属性值;...}
        选择符 {样式属性: 属性值;...}
        ...
    </style>
</head>
```

其中，<style> 标签代表样式的开始，</style> 代表样式的结束，type="text/css" 表示 CSS 样式为文本类型。内嵌样式通常用于修饰同一页面中的多个标签，保持页面内风格的统一。内嵌样式的使用可以参考前面的例子。

2.3.3　外部样式表

如果希望多个页面甚至整个网站所有页面均采用统一的风格，那么，可以采用外部样式表，将样式放置于单独的文件中，然后在每个网页中都关联该样式文件即可。根据样式文件与网页的关联方式，外部样式表有两种使用方式，一种为链接外部样式表，另一种为导入样式表，下面将逐一讲解。

1. 链接外部样式表

链接外部样式表是指通过 HTML 的 link 链接标签，建立样式文件和网页的关联，其格式如下：

```
<head>
    <link rel="stylesheet"  type="text/css" href="newstyle.css">
</head>
```

其中，rel="stylesheet" 表示在网页中使用该外部样式表，type ="text/css" 表示文本类型的样式，href="newstyle.css" 指定样式文件，样式表文件规定扩展名为 .css，具体的用法如下。

（1）创建外部样式表文件，创建 css 文件夹，在文件夹中创建 newstyle.css 样式文件。
newstyle.css 文件代码：

```
/* 设置标题的样式 */
h2 {
    background-color:#f8e266;
    font-family: 隶书 ;
}
/* 设置段落的样式 */
p {
    font-family: 宋体 ;
    font-size:18px;
    color:#000000;
    background-color:#f8eca4;
}
```

（2）创建页面链接样式表，创建页面 page1.html 和 page2.html，在页面中关联外部样式文件。
page1.html 代码：

```
<!DOCTYPE html>
<html>
    <head>
        <meta charset="utf-8"/>
        <title> 黄鹤楼 </title>
        <link rel="Stylesheet" href="css/newstyle.css" type="text/css"/>
    </head>
    <body>
        <h2> 黄鹤楼 </h2>
        <p> 昔人已乘黄鹤去，此地空余黄鹤楼。</p>
        <p> 黄鹤一去不复返，白云千载空悠悠。</p>
        <p> 晴川历历汉阳树，芳草萋萋鹦鹉洲。</p>
        <p> 日暮乡关何处是？烟波江上使人愁。</p>
    </body>
</html>
```

page2.html 代码:

```
<!DOCTYPE html>
<html>
    <head>
        <meta charset="utf-8"/>
        <title>登鹳雀楼</title>
        <link rel="Stylesheet" href="css/newstyle.css" type="text/css" />
    </head>
    <body>
        <h2>登鹳雀楼</h2>
        <p>白日依山尽，黄河入海流。</p>

        <p>欲穷千里目，更上一层楼。</p>
    </body>
</html>
```

（3）在浏览器中预览页面效果。page1.html 页面的效果如图 2.17 所示，page2.html 页面的效果如图 2.18 所示。

图 2.17　page1.html 的页面效果图

图 2.18　page2.html 的页面效果图

2. 导入样式表

在网页中，还可以使用 @import 方法导入样式表，其格式如下:

```
<head>
    <style type="text/css">
    @import "css/newstyle.css";
    </style>
</head>
```

其中，@import 代表导入文件。前面规定要有 "@" 符号，修改示例 2.9 中的页面代码，显示效果相同。

注意: 当三种样式使用方式作用于同一个标签时，样式规则的优先级为: 行内样式表 > 内嵌样式表 > 外部样式表。

实践任务

任务 1　重构百度首页

【需求说明】

制作百度首页，不要通过 HTML 标签的属性修饰网页，制作的网页效果如图 2.19 所示。

图 2.19　重构的百度首页

（1）使用 HTML 标签组织百度页面。

（2）使用 CSS 样式表修饰百度页面。

【实现思路】

（1）使用 div 为页面布局。

（2）添加 HTML 标签。

（3）使用 CSS 样式修饰页面内容。

【参考代码】

（1）创建百度页面，通过 div 将页面分为顶端、中间和底部三部分。

```html
<!DOCTYPE html>
<html>
    <head>
        <meta charset="utf-8"/>
        <title> 百度首页 </title>
    </head>
    <body>
        <!-- 顶部 -->
        <div id="top"></div>
        <!-- 中间部分 -->
```

```
        <div id="mid"></div>
        <!-- 底部 -->
        <div id="footer"></div>
    </body>
</html>
```

（2）在页面的各部分内添加标签元素及内容，内容添加完毕后的效果如图 2.20 所示。

图 2.20　无 CSS 修饰的百度页面

```
<!DOCTYPE html>
<html>
    <head>
        <meta charset="utf-8"/>
        <title> 百度首页 </title>
    </head>
    <body>
        <div id="top">
        <a href="#"> 搜索设置 </a> |
            <a href="login.html"> 登录 </a><a href="reg.html"> 注册 </a>
        </div>
        <div id="mid">
            <p><imgsrc="images/logo.gif" /></p>
            <p>
                <a href="#"> 新闻 </a>  <a href="#"> 网页 </a>
                <a href="#"> 贴吧 </a>  <a href="#"> 知道 </a>
                <a href="#"> 音乐 </a>  <a href="#"> 图片 </a>
```

```
            <a href="#"> 视频 </a>  <a href="#"> 地图 </a>
        </p>
        <p>
            <form action="#" method="get">
                <input type="text" /><input type="submit" value=" 百度一下 " />
            </form>
        </p>
        <p>
            <a href="#"> 百科 </a>  <a href="#"> 文库 </a>
            <a href="#">hao123 </a>  |  <a href="#"> 更多 >></a>
        </p>
    </div>
    <div id="footer">
        <p>
            <a href="#"> 把百度设为主页 </a>  <a href="#"> 安装百度浏览器 </a>
        </p>
        <p>
            <a href="#"> 加入百度推广 </a>   |  <a href="#"> 搜索风云榜 </a>  |
            <a href="#"> 关于百度 </a>   |  <a href="#">About Baidu</a>
        </p>
        <p>
            &copy;2013 Baidu
            <a href="#"> 使用百度前必读 </a>
            京 ICP 证 030173 号 <imgsrc="images/gs.gif" />
        </p>

    </div>
  </body>
</html>
```

（3）添加 CSS 代码修饰百度首页，使用内嵌样式表，修饰后的效果如图 2.21 所示。

居中对齐，超链接字
体 14 px，颜色 #00c

输入框边框 1 px，实
线，颜色 #ccc，宽度
418 px，高度 30 px

居中对齐，段落上外
边距为 10 px，字体
12 px，颜色为 #00c

右对齐，与上边和右
边相距 15 px，字体
12 px，颜色为 #00c

按钮背景图片见素
材，高度 32 px，宽度
95 px，无默认的边框、
无填充、无边界

居中对齐，段落上外
边距为 10 px，字体
12 px，颜色为 #666

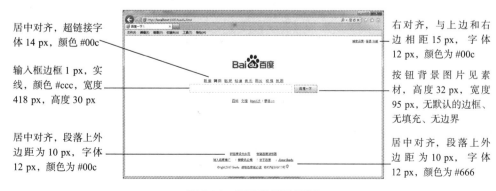

图 2.21   百度首页效果图

① 清除页面中 body 标签和 p 标签的默认样式，并进行设置。

```
body {
    /* 清除 body 默认的外边距与内边距 */
    margin:0px;
    padding:0px;
    font-size:12px;                /* 设置网页中一般的字体为 12 px 大小 */
}
p {
    /* 清除 p 标签默认的外边距与内边距 */
    margin:0px;
    padding:0px;
}
```

② 设置顶端层中元素的相关样式。

```
#top {
    ext-align:right;              /* 顶端的 "登录、注册" 右对齐 */
    margin:15px;                  /* 顶端布局层与上下左右的外边距为 15 px*/
}
#top a {
    /* 顶端层中超链接的字体大小与颜色 */
    font-size:12px;
    color:#00c;
}
```

③设置中间层中元素的样式。

```
/* 中间层 */
#mid {
    text-align:center;           /* 设置内容居中 */
}
#mid a {
    /* 中间层中超链接的字体大小与颜色 */
    color:#00c;
    font-size:14px;
    margin:0px 5px;
}
/* 导航样式 */
#nav {
    margin-bottom: 5px;          /* 下面外边距为 5 px*/
    padding-right:80px;          /* 右边填充 80 px*/
}
```

```css
/* 百度搜索输入框 */
#txtInput {
    width:418px;              /* 输入框的宽度 */
    height:30px;              /* 输入框的高度 */
    border:1px solid #ccc;    /* 边框的宽度、样式、颜色 */
    font-size:15px;           /* 输入字体的大写 */
}
/* 设置图片按钮样式 */
.btn {
    height:32px;
    width:95px;
    background-image:url(images/bd_btn.png);
    background-repeat:no-repeat;
    /* 按钮无边框、无填充、无边界 */
    margin:0px;
    padding:0px;
    border:0px;
    margin-left:10px;
}
/* 设置选中后的效果 */
#focus {
text-decoration:none;         /* 超链接无下画线 */
font-weight:bold;             /* 字体加粗 */
    color:#000;               /* 字体颜色 */
}
#nav2 {
    /* 顶端外边距为 25 px*/
    margin-top:25 px;
}
```

④ 设置底端层中元素的样式。

```css
/* 底部的层 */
#footer {
    margin-top:200px;
    text-align:center;
}
/* 设置超链接的样式 */
#footer a {
    color:#00c;
    font-size:12px;
    margin:0px 5px;
}
```

```
#footer p {
    margin-top:10px;                    /*设置段落的顶端外边距为 10 px*/
}
#copyright {
    color:#666;                         /*设置字体颜色为灰色 */
}
#copyright a {
    color:#666;                         /*版权部分的超链接颜色为灰色 */
}
```

任务 2　制作百度登录与注册页面

【需求说明】

使用 HTML 标签与 CSS 样式制作百度登录页面，页面效果如图 2.22 所示。

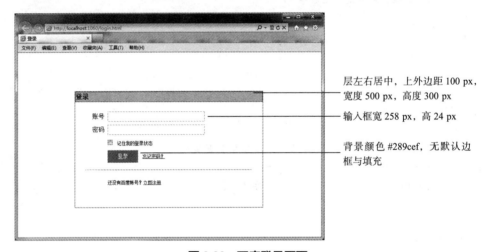

层左右居中，上外边距 100 px，宽度 500 px，高度 300 px

输入框宽 258 px，高 24 px

背景颜色 #289cef，无默认边框与填充

图 2.22　百度登录页面

（1）制作百度登录页面。

（2）制作百度注册页面。

（3）使用 CSS 样式修饰页面。

（4）实现单击任务 1 的百度首页中的登录，跳转至百度登录页面。

【实现思路】

（1）在页面中添加标签，表单元素使用表格布局。

（2）在页面中添加内嵌样式，修饰各元素。

（3）设置 margin:0px auto;，该样式能实现元素自身的居中显示。

【参考代码】

login.html 的代码：

```
<!DOCTYPE html>
```

```html
<html>
    <head>
        <meta charset="utf-8"/>
        <title> 登录 </title>
        <style type="text/css">
            /* 包裹所有内容的层 */
            #wraper {
                margin:0px auto;                    /* 居中 */
                border:1px solid #808080;           /* 设置层的边框 */
                width:500px;                        /* 宽度 */
                height:300px;                       /* 高度 */
                margin-top:100px;                   /* 上面的外边距 100 px*/
            }
            /* 登录标题的样式 */
            #top {
                border:1px solid #666;
                background-color:#ccc;
                font-size:18px;
                font-family: 黑体 ;
                line-height:25px;
                margin:0px;
                padding:0px;
            }
            /* 下面的层 */
            #mid {
                margin-top:20px;                    /* 上面的外边距 20 px*/
                font-size:16px;                     /* 字体大小 16 px*/
                padding-left:25px;                  /* 左填充 25 px*/
            }
            /* 层 mid 下的表格样式 */
            #mid table {
                width:450px;                        /* 宽度为 450 px*/
            }
            /* 表格中的行高 32 px*/
            #mid table tr {
                height:32px;
            }
            /* 右对齐 */
            .right {
                text-align:right;
                padding-right:5px;
            }
```

```css
/* 输入框样式 */
.txtInput {
    border:1px solid #ccc;
    width:258px;
    height:24px;
}
/* 居中 */
.center {
    text-align:center;
}
/* 字体为 12 px 的类样式 */
.fontsize {
    font-size:12px;
}
/* 按钮样式 */
.btn {
    width:82px;
    height:32px;
    background-color:#289cef;          /* 按钮的背景 */
    padding:0px;                       /* 去掉按钮的默认内边距 */
    color:#fff;                        /* 字体颜色为白色 */
    font-size:14px;
    text-align:center;
    line-height:30px;
    border:0px;                        /* 去掉按钮的默认边框 */
}
/* 超链接的样式 */
#mid a {
    color:#00c;
    font-size:12px;
}
</style>
</head>
<body>
    <div id="wraper">
    <h3 id="top">
            登录
    </h3>
    <div id="mid">
    <form action="#" method="post">
        <table>
            <tr>
                <td class="right">账号 </td>
                <td><input type="text"    class="txtInput"/></td>
            </tr>
```

```
        <tr>
            <td class="right"> 密码 </td>
            <td><input type="text" class="txtInput" /></td>
        </tr>
        <tr>
            <td></td>
            <td class="fontsize"><input type="checkbox"/>   
记住我的登录状态 </td>
        </tr>
        <tr>
            <td></td>
            <td><input type="button" value=" 登录 " class="btn"/> 
            <a href="#"> 忘记密码？ </a></td>
        </tr>
        <tr>
            <td colspan="2" class="center"><hr/></td>
        </tr>
        <tr>
            <td></td>
            <td class="fontsize"> 还没有百度账号？ <a href ="#"> 立即注册 </a></td>
        </tr>
        </table>
    </form>
    </div>
    </div>
    </body>
</html>
```

小　结

本章主要介绍了 CSS 的基本语法与如何使用 CSS 样式表，并对常用的样式属性逐一进行了介绍，主要内容的思维导图如下所示。

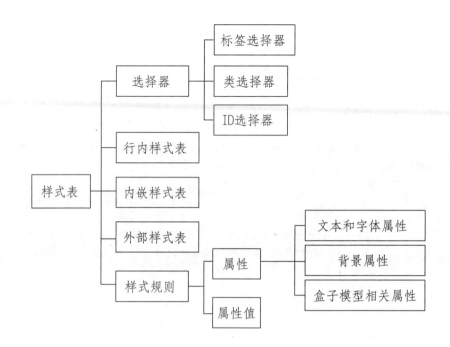

习　题

一、选择题

1. 下列 CSS 选择器中优先级最高的是（　　）。

　　A. ID 选择器　　　　　B. 类选择器　　　　　C. 标签选择器　　　D. 元素选择器

2. 在开发一个网站时有多个页面，当多个页面要使用同一个样式修饰时，最好采用（　　）。

　　A. 外部样式表　　　B. 内嵌样式表　　　C. 标签属性修饰　　D. 行内样式表

3. 下列代码中，（　　）是由类选择器定义的样式。

　　A. #cnt {color:red;font-size:12px;}

　　B. p {color:red;font-size:12px;}

　　C. cnt {color:red;font-size:12px; background-color:yellow;}

　　D. .blue{color:blue;}

4. 下列关于 CSS 盒子模型的说法不正确的是（　　）。

　　A. 只有 div 标签才适用于盒子模型

　　B. HTML 中所有的标签都适用于盒子模型

　　C. 盒子模型由边界、填充、边框和内容组成

　　D. 盒子模型的边界属性是 margin，通过该属性为上、右、下、左的外边距同时赋值

5. 在内嵌式 CSS 样式中，<style> 标签可以设置元素的样式，它一般位于（　　）标签中
<title> 标签之后。

　　A. <h1>　　　　　　B. <p>　　　　　　C. <head>　　　　　D. <body>

6. 下面的选项中，CSS 样式规则的具体格式正确的是（　　）。

A. 选择器 { 属性 1: 属性值 1; 属性 2: 属性值 2 属性 3: 属性值 3}

B. 选择器 { 属性 1: 属性值 1, 属性 2: 属性值 2, 属性 3: 属性值 3;}

C. 选择器 { 属性 1: 属性值 1; 属性 2: 属性值 2; 属性 3: 属性值 3;}

D. 选择器 { 属性 1: 属性值 1 属性 2: 属性值 2 属性 3: 属性值 3}

二、简单题

1. 常用的样式选择器有哪些？它们之间的优先顺序是什么？

2. 常用的背景属性有哪些？它们分别有什么作用？

3. CSS 盒子模型由哪几部分组成？它们分别有什么作用？

4. 简述文本外观样式属性中设置文本颜色的 color 属性的几种取值方式。

第 3 章
排列网页内容

本章简介

前面学习了网页中的标签及如何修饰美化页面，掌握了常用的 HTML 标签的使用，并能制作出图文并茂的网页，还能使用超链接实现页面之间的跳转。本章将在前面的基础上，学习如何使用列表标签 <ul>、<ol>、<li>，定义列表标签 <dl>、<dt>、<dd>，表格相关的标签 <table>、<tr>、<td>。通过使用这些标签来排列网页内容的顺序，组织网页的内容。这些标签会使网页的内容更加工整，页面布局更加美观。本章的主要内容是列表标签和表格标签的使用，难点是表格的布局和美化修饰。

学习目标

◆ 掌握列表标签
◆ 掌握表格标签
◆ 掌握表格布局与美化修饰
◆ 掌握 div 标签和 span 标签

实践任务

◆ 任务 1　制作商品销售报表
◆ 任务 2　使用表格展示商品

3.1　列表标签

列表标签是 HTML 中非常重要的标签，通过使用各种列表类标签，能很好地排列网页中的内容。常见的列表标签包括有序列表、无序列表和定义列表。下面介绍各种列表标签的用法。

视频●

列表标签

3.1.1　无序列表

在网页中，经常以列表形式展示信息，每个列表项之间没有先后顺序，此时页面经常会出现无序列表。例如，百度新闻使用无序列表展示新闻信息，如图 3.1 所示。

图 3.1　百度新闻

淘宝网中的帮助主题使用无序列表展示，如图 3.2 所示。

图 3.2　淘宝网热门问题

在 HTML 页面中，使用 <ul> 标签表示无序列表，使用 <li> 表示列表项。语法如下：

【语法】

```
<ul type="项目符合类型">
    <li>列表项内容</li>
    <li>列表项内容</li>
    <li>列表项内容</li>
</ul>
```

无序列表标签的 type 属性决定了列表项开始的符号，它可以取 disc（默认值，表示实心圆）、circle（空心圆环）和 square（正方形）这 3 个值。

在示例 3.1 中，使用无序列表标签实现淘宝网数码产品的促销信息展示。

⃠ **【示例 3.1】无序列表标签的使用**

```
<!DOCTYPE html>
<html>

    <head>
        <meta charset="utf-8" />
        <title>ShopMall 网 - 促销信息</title>
    </head>

    <body>
        <h3>数码产品 - 促销信息</h3>
        <hr/>
        <ul>
            <li>小米手机五一促销，全场 8 折！</li>
            <li>联想电脑学生机，最低 2000 元！</li>
            <li>平板电脑限量抢购！</li>
            <li>买手机，送话费。真正的 0 元购机！</li>
        </ul>
    </body>

</html>
```

示例 3.1 在浏览器中的显示效果如图 3.3 所示。

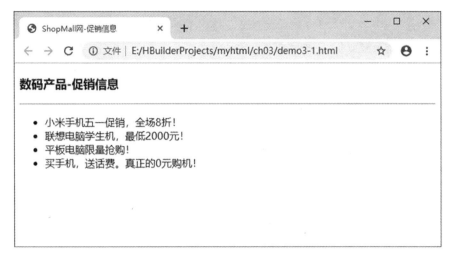

图 3.3　使用无序列表展示促销信息

3.1.2　有序列表

无序列表显示的列表项通常是没有顺序的，如果要顺序显示列表中的列表项，则可以采用有序列表标签。有序列表标签显示的列表项有明显的先后顺序，它由 <ol> 和 <li> 组成，<ol> 表示有序列表，<li> 是有序列表的列表项。语法如下：

【语法】

```
<ol type=" 序号类型 ">
    <li> 列表项 </li>
    <li> 列表项 </li>
    <li> 列表项 </li>
</ol>
```

有序列表项中的 type 属性决定有序列表的序号类型，它可以取 1、a、A、i 和 I 这 5 个值，它们分别表示数字序列、小写英文字母序列、大写英文字母序列、小写罗马数字序列以及大写罗马数字序列。

在示例 3.2 中，实现使用有序列表介绍淘宝网开店流程。

📎 【示例 3.2】有序列表标签的使用

```
<!DOCTYPE html>
<html>

    <head>
        <meta charset="utf-8" />
        <title> 淘宝网 - 开店流程 </title>
    </head>
```

```
<body>
    <h3>客户帮助中心 - 开店流程 </h3>
    <hr />
    <ol>
        <li>注册淘宝网账号 </li>
        <li>支付宝认证 </li>
        <li>开店认证 </li>
        <li>在线考试 </li>
    </ol>
</body>

</html>
```

示例 3.2 在浏览器中的显示效果如图 3.4 所示。

图 3.4　使用有序列表介绍开店流程

3.1.3　定义列表

定义列表用于描述某个术语或产品的定义或解释，它使用 <dl> 表示定义列表、<dt> 表示定义的标题、<dd> 表示定义的描述。语法如下：

【语法】

```
<dl>
    <dt>标题 </dt>
    <dd>描述 </dd>
</dl>
```

在 \<dl\> 中，\<dt\> 与 \<dd\> 的个数对应关系可以是一对多或者是多对一。

定义列表标签的使用见示例 3.3。

【示例 3.3】定义列表标签的使用

```
<!DOCTYPE html>
<html>

    <head>
        <meta charset="utf-8" />
        <title>HTML</title>
    </head>

    <body>
    <dl>
            <dt> 超文本标记语言 </dt>
            <dd> 超文本标记语言，即 HTML（Hypertext Markup Language），是用于描
述网页文档的一种标记语言。</dd>
            <dd> 网页文件本身是一种文本文件，通过在文本文件中添加标记符，可以告诉浏览
器如何显示其中的内容。</dd>
        </dl>
    </body>

</html>
```

示例 3.3 在浏览器中的显示效果如图 3.5 所示。

图 3.5　定义列表的案例

经验：在实际应用中，定义列表还被扩展应用到图文混合的场合，将产品图片作为定义标题 \<dt\>，文字内容作为定义描述 \<dd\>。这种局部布局结构在商品展示中广泛使用。使用 \<dl\> 实现图文混合布局，见示例 3.4，其在浏览器中的显示效果如图 3.6 所示。

✐ **【示例 3.4】**定义列表混合布局

```html
<!DOCTYPE html>
<html>


    <head>
        <meta charset="utf-8">
        <title>商品详情</title>
        <style type="text/css">
            dtimg {
                width: 260px;
                height: 280px;
            }
        </style>
    </head>


    <body>
        <dl>
            <dt><img src="images/miphone1.jpg" alt="小米手机" /></dt>
            <dd>商品名称：小米手机</dd>
            <dd>系统：Android 操作系统</dd>
            <dd>网络：移动双模 5G 手机</dd>
        </dl>
    </body>


</html>
```

示例 3.4 在浏览器中的显示效果如图 3.6 所示。

图 3.6　定义标签在图文混合布局中的应用

3.2　表格标签

当我们浏览网页时，看到很多页面内容排列整齐有序，如图 3.7 所示为淘宝论坛页面、图 3.8 所示为阿里巴巴校园讲座安排页面，在这些页面中都使用了表格，使用表格可以使排列的内容简洁、整齐，便于用户浏览网页信息。

视 频 ●┄┄┄┄

表格的使用
●

图 3.7　淘宝论坛

使用表格排列内容

图 3.8　阿里巴巴校园讲座表格

3.2.1　表格的基本结构

在 HTML 中，表格至少由 <table> 标签、<tr> 标签和 <td> 标签这 3 种标签组成，否则，就不能成为表格。<table> ... </table> 标签中包括所有表格元素，表格元素主要有行、列和单元格等，其基本结构如图 3.9 所示。

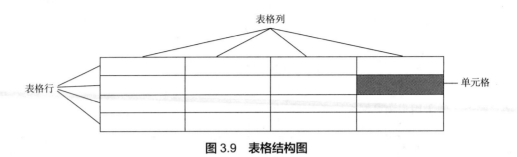

图 3.9　**表格结构图**

网页中的内容放置于表格的单元格中，通过对单元格的控制，可以调整内容在网页中的位置。使用表格的基本语法如下：

【语法】

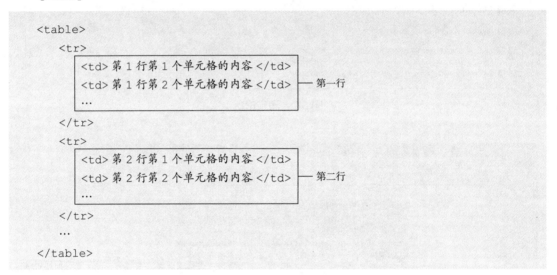

表格基本标签元素的使用说明见表 3.1。

表 3.1　**表格的相关标签**

标 签 名 称	使用说明
<table>	用于在 HTML 文档中创建表格，在表格中有多行
<tr>	用于在表格中定义表格的行，在行中有多个单元格
<td>	用于定义行中的单元格，实际也是一行中的一列
<th>	用于定义表格的标题列，该标签和 <td> 类似，放置于 <tr> 标签中

3.2.2　表格的使用

在 HTML 中创建表格，通常分为以下三步：

（1）创建表格标签 <table>...</table>。

（2）在表格标签 <table>...</table> 中创建行标签 <tr>...</tr>，可以有多行。

（3）在行标签 <tr>...</tr> 中创建单元格标签 <td>...</td>，可以有多个单元格。

为了显示表格的轮廓，通常还需要设置 <table>、<td> 标签的边框，通过 border 属性来设置表格边框的宽度。单元格之间的空隙可以通过 border-collapse 的 collapse 属性值进行折叠起来。

下面创建畅销笔记本电脑排行榜页面，见示例 3.5。

🔗【示例 3.5】表格标签的应用

```
<!DOCTYPE html>
<html>

<head>    <meta charset="utf-8" />
    <title> 本周畅销商品 </title>
    <style type="text/css">
        #tab {
            border: 1px solid red;
            border-collapse: collapse;
            width: 500px;
        }

        #tab td {
            border: 1px solid red;
        }
    </style>
</head>

<body>
    <h4> 本周畅销笔记本排名 </h4>
    <table id="tab">
        <tr>
            <td> 排名 </td>
            <td> 产品型号 </td>
            <td> 价格 </td>
        </tr>
        <tr>
            <td>1</td>
            <td> 华为笔记本 A 型号 </td>
            <td> ￥7000</td>
        </tr>
        <tr>
            <td>2</td>
            <td> 联想笔记本 B 型号 </td>
            <td> ￥5400</td>
```

```
          </tr>
          <tr>
            <td>3</td>
            <td>小米笔记本 A 型号 </td>
            <td>￥5150</td>
          </tr>
          <tr>
            <td>4</td>
            <td>小米笔记本 B 型号 </td>
            <td>￥9800</td>
              </tr>
          </table>
       </body>

</html>
```

示例 3.5 在浏览器中的显示效果如图 3.10 所示。

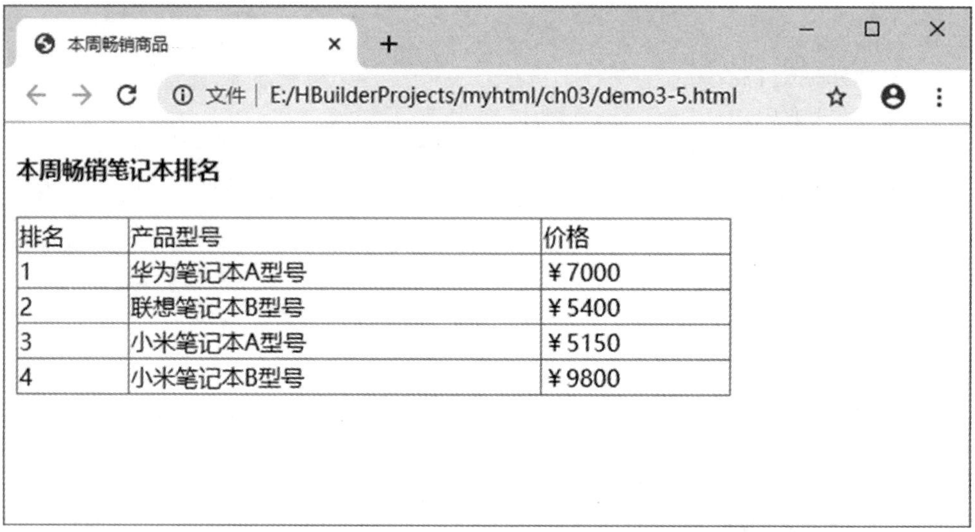

图 3.10　使用表格展示畅销商品

3.2.3　合并单元格

上面介绍了简单表格的创建，而现实中通常需要较复杂的表格，有时需要将多个单元格合并成一个单元格，也就是要使用表格的跨行跨列功能。

1. 跨列

跨列是指单元格的横向合并，实现单元格在水平方向上跨多列。语法如下：

【语法】

```
<table>
    <tr>
        <td colspan=" 所跨的列数 "> 单元格内容 </d>
    </tr>
</table>
```

col 为 column（列）的缩写，span 为跨度，所以 colspan 意思为跨列。

下面通过示例 3.6 来说明 colspan 属性的用法。

【示例 3.6】colspan 属性的用法

```
<!DOCTYPE html>
<html>

<head>
    <meta charset="utf-8" />
    <title> 商品销量排名 </title>
    <style type="text/css">
        table {
            width: 600px;
            border-collapse: collapse;
        }

        td {
            border: 1px solid red;
        }

        .center {
            text-align: center;
            font-size: 18px;
            font-family: 黑体 ;
        }
    </style>
</head>

<body>
    <table>
        <tr>
            <td colspan="3" class="center">ShopMall 商城商品销量排名 </td>
        </tr>
        <tr>
            <td> 排名 </td>
```

```
                    <td>商品名称</td>
                    <td>销售量</td>
                </tr>
                <tr>
                    <td>1</td>
                    <td>苹果</td>
                    <td>5996</td>
                </tr>
                <tr>
                    <td>2</td>
                    <td>小米</td>
                    <td>2323</td>
                </tr>
                <tr>
                    <td>3</td>
                    <td>三星</td>
                    <td>2222</td>
                </tr>
            </table>
        </body>

</html>
```

示例 3.6 对应的页面显示效果如图 3.11 所示。

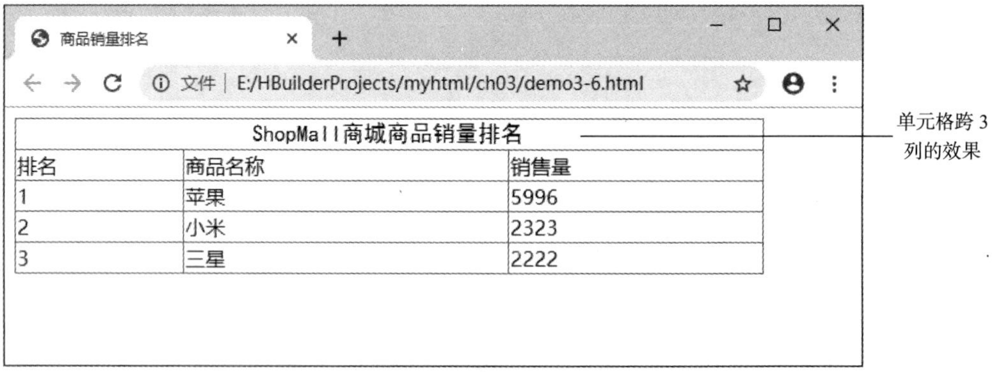

图 3.11　合并列的效果

在上述案例中，第一行的第一个单元格在水平方向上跨 3 列，因为表格总列数也是 3 列，所以第一行只需要一个单元格。上面实现了跨多列的表格，那么如何实现跨多行的表格呢？

2. 跨行

单元格除了可以在水平方向上跨列，还可以在垂直方向上跨行，跨行是指单元格在垂直方向上合并，语法如下：

【语法】

```
<table>
    <tr>
        <td rowspan=" 所跨的行数 "> 单元格内容 </td>
    </tr>
<table>
```

row 为行的意思，rowspan 即跨行。下面通过示例 3.7 来说明 rowspan 属性的用法。

【示例 3.7】rowspan 属性的用法

```
<!DOCTYPE html>
<html lang="en">
    <head>
        <meta charset="UTF-8">
        <meta name="viewport" content="width=device-width, initial-scale=1.0">
        <title>Document</title>
        <style type="text/css">
            table {
                width: 600px;
                border-collapse: collapse;
            }

            td {
                border: 1px solid blue;
            }
        </style>
    </head>

    <body>
        <table>
            <tr>
                <td> 院系 </td>
                <td> 排名 </td>
                <td> 姓名 </td>
                <td> 得分 </td>
            </tr>
            <tr>
                <td rowspan="2"> 计算机学院 </td>
                <td>1</td>
                <td>Jack</td>
```

```
            <td>98</td>
        </tr>
        <tr>
            <td>2</td>
            <td>Lucy</td>
            <td>96</td>
        </tr>
        <tr>
            <td rowspan="2"> 管理学院 </td>
            <td>1</td>
            <td>Tom</td>
            <td>95</td>
        </tr>
        <tr>
            <td>2</td>
            <td>Lily</td>
            <td>90</td>
        </tr>
    </table>
  </body>
</html>
```

示例 3.7 对应的页面效果如图 3.12 所示。

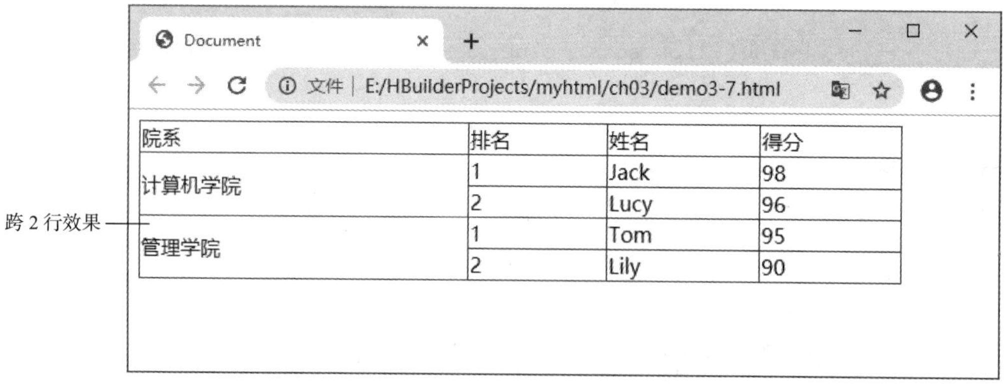

图 3.12　跨行的表格效果图

3. 跨行、跨列

上面已经学习了创建跨多列和跨多行的表格，但是在一些复杂的表格中，既有跨多行又有跨多列的单元格，此时可以将上述知识综合起来处理。下面通过示例 3.8 来说明如何实现跨行与跨列的同时应用。

✎【示例 3.8】跨行与跨列的同时应用

```html
<!DOCTYPE html>
<html>

    <head>
        <meta charset="utf-8" />
        <title> 商品分类统计 </title>
        <style type="text/css">
          table {
            width: 600px;
            border-collapse: collapse;
          }

          td {
            border: 1px solid blue;
          }

          .tabTitle {
            font-weight: bold;
            text-align: center;
          }
        </style>
    </head>

    <body>
      <table>
        <tr>
          <td colspan="3" class="tabTitle">
            商品分类数量统计
          </td>
        </tr>
        <tr>
          <td> 商品类别 </td>
          <td> 商品名称 </td>
          <td> 商品数量 </td>
        </tr>
        <tr>
          <td rowspan="2"> 数码产品 </td>
          <td> 手机 </td>
          <td>1000</td>
        </tr>
        <tr>
```

```
            <td> 电脑 </td>
            <td>500</td>
        </tr>
        <tr>
            <td rowspan="2"> 运动用品 </td>
            <td> 羽毛球拍 </td>
            <td>600</td>
        </tr>
        <tr>
            <td> 篮球 </td>
            <td>100</td>
        </tr>
    </table>
  </body>
</html>
```

在示例 3.8 中，可以看见标题 "商品分类数量统计" 跨 3 列，商品类别中 "数码产品" 和 "运动用品" 分别跨 2 行，示例效果如图 3.13 所示。

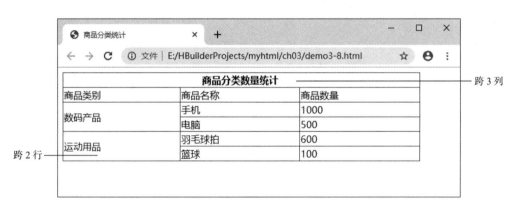

图 3.13　表格跨行与跨列

经验：表格跨行与跨列的应用思路要清晰，可以参考以下步骤：

（1）根据需求设计出完整的表格。

（2）根据需求选择要合并的单元格，设置合并单元格中的第一个单元格的跨行或跨列属性，如 colspan="2" 或 rowspan="3" 等。

（3）删除被合并的其他单元格，跨列则水平删除其他多余的单元格，跨行则垂直删除其他多余的单元格。

3.2.4　表格的高级用法

除了设置表格跨行和跨列外，还可以为整个表格添加标题(caption)、对表格数据进行分组等，从而实现企业中常见的年度统计报表等复杂表格。设计这些表格需要一些表格的高级标签。表格标签除了前面所学习到的基本标签外，还有如下高级标签：

（1）表格标题标签 <caption>，用于描述整个表格的标题。

（2）表格表头 <th>，用于定义表格的表头，通常是表格的第一行数据，以粗体、居中的样式显示数据。

（3）表格数据的分组标签 <thead>、<tbody> 和 <tfoot>，这 3 个标签通常配合使用，主要对表格数据进行逻辑分组。<thead> 对应表格的表头部分，<tbody> 对应表格的数据主体部分，<tfoot> 对应表格的底部页脚部分，各分组标签内由多行 <tr> 组成。

下面通过示例 3.9 制作一个简易报表，来说明如何使用表格的高级标签。

📎 【示例 3.9】表格高级标签的应用

```
<!DOCTYPE html>
<html>

    <head>
        <meta charset="utf-8" />
        <title> 淘宝报表 </title>
        <link rel="stylesheet" href="table_css.css">
    </head>

    <body>
        <table>
            <caption> 数码之家季度报表 </caption>
            <thead>
                <tr>
                    <th> 月份 </th>
                    <th> 收入（RMB）</th>
                </tr>
            </thead>
            <tbody>
                <tr>
                    <td>1 月 </td>
                    <td>500000</td>
                </tr>
                <tr>
                    <td>2 月 </td>
                    <td>600000</td>
                </tr>
                <tr>
                    <td>3 月 </td>
                    <td>400000</td>
```

```
          </tr>
        </tbody>
        <tfoot>
          <tr>
            <td>平均月收入</td>
            <td>500000</td>
          </tr>
          <tr>
            <td>总计</td>
            <td>1500000</td>
          </tr>
        </tfoot>
    </table>
  </body>

</html>
```

引入的样式文件 table_css.css 的代码如下：

```
table {
  width: 600px;
  border-collapse: collapse;
}


td {
  border: 1px solid blue;
}
```

示例 3.9 在浏览器中的显示效果如图 3.14 所示。

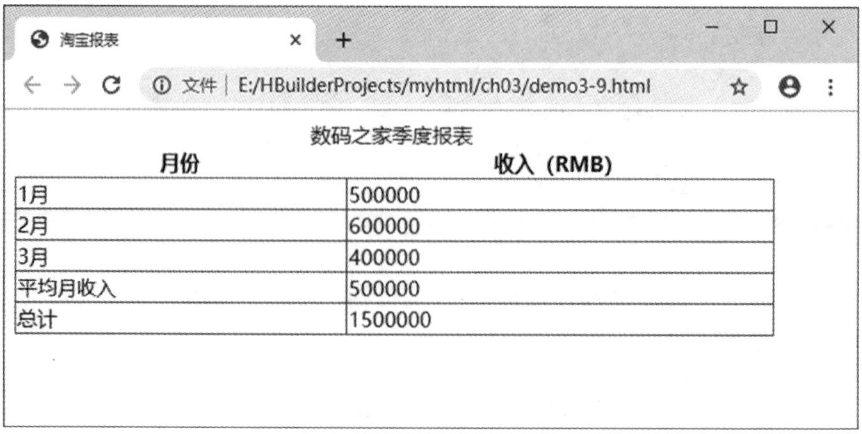

图 3.14　表格高级标签的应用

3.3　表格的美化与布局

3.3.1　表格的美化

视频 ●⋯⋯⋯

表格的修饰

在上述内容中，我们创建的表格比较朴素，没有任何修饰，而漂亮的表格能使我们的网页更有吸引力，这一节我们将讲解如何美化表格。表格的美化修饰即从多方面对表格属性进行设置，使表格看起来更漂亮、更美观、更合理。表格需要修饰的内容如下：

（1）表格的高度、宽度和边框。

（2）表格的行与列的背景。

（3）表格内容的对齐方式。

（4）表格单元格的填充、间距的设置。

下面分别讲解表格的美化修饰。

1. 使用样式设置表格的尺寸与边框

如果不指定表格的高度和宽度，浏览器就会根据表格内容的多少自动调整高度和宽度。如果不指定表格边框的宽度（border 属性），则浏览器将不显示表格边框。如果既想设置表格的宽度和高度，又想设置表格边框的宽度，那么可以使用表格的宽度属性（width）、高度属性（height）以及表格边框的宽度属性（border）。语法如下：

【语法】

```
width: 600px;
height: 300px;
border: 5px solid red;
```

其中，表格的宽度和高度可以用像素来表示，也可以用百分比（与浏览器当前窗口相比的大小比例）来表示。表格边框的宽度只能用像素来表示。下面通过示例 3.10 来说明这些属性的用法。

⌷【示例 3.10】表格宽度、高度、边框属性的用法

```
<!DOCTYPE html>
<html>

    <head>
        <meta charset="utf-8" />
        <title> 淘宝网 – 本周畅销商品 </title>
        <link rel="stylesheet" href="table_css.css">
    </head>

    <body>
        <h4> 本周畅销手机排名 </h4>
        <table>
```

```
        <tr class="bg_yellow">
            <td> 排名 </td>
            <td> 产品型号 </td>
            <td> 价格 </td>
        </tr>
        <tr>
            <td>1</td>
            <td> 华为 A 手机 </td>
            <td>7000</td>
        </tr>
        <tr>
            <td>2</td>
            <td> 华为 B 手机 </td>
            <td> ￥5400</td>
        </tr>
        <tr>
            <td>3</td>
            <td> 小米 A 手机 </td>
            <td> ￥5150</td>
        </tr>
        <tr>
            <td>4</td>
            <td>OPPO 音乐手机 </td>
            <td> ￥2800</td>
        </tr>
    </table>
  </body>

</html>
```

设置表格的宽度和高度以及边框样式，table_css.css 样式表如下：

```
table {
  width: 600px;
  height: 300px;
  border-collapse: collapse;
  border: 5px solid red;
}


td {
  border: 1px solid blue;
}
```

示例 3.10 在浏览器中的显示效果如图 3.15 所示。

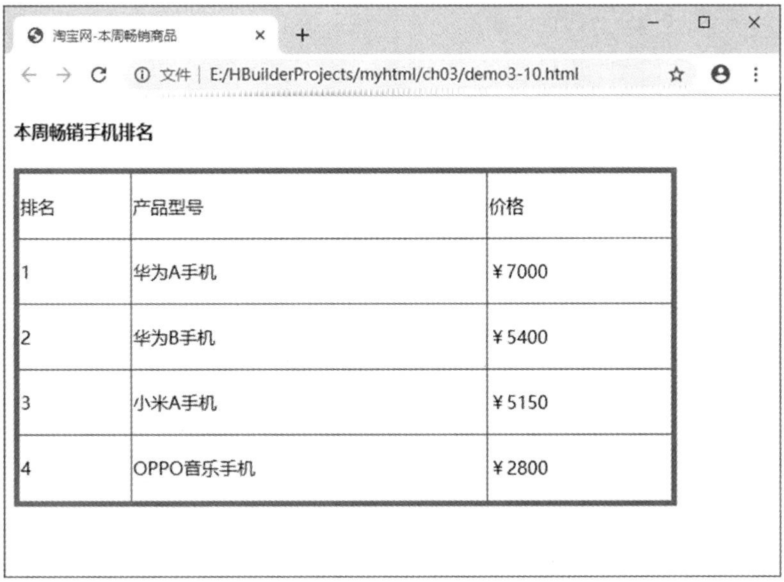

图 3.15　表格宽度、高度、边框的设置

2. 设置表格相关元素的背景

1）表格背景

表格背景包括表格的背景颜色和背景图像的设置，表格的背景颜色属性 background-color 针对整个表格，表格的背景图像属性 background 同样针对整个表格，设置背景会使表格更加美观。

2）行背景色

不仅可以对表格整体设置背景，还可以对单独一行设置背景色，行的背景色可以覆盖表格的背景色和背景图像。

3）单元格背景色

不仅可以对表格中的行设置背景色，还可以对表格中每个单元格设置背景色，单元格的背景色可以覆盖行的背景色。

3. 表格的对齐方式

为了使表格美观大方，表格中的数据通常需要设置对齐方式，设置表格、行或列的对齐方式使用 text-align 属性，其取值可以为 right（右对齐）、center（居中）和 left（左对齐），默认为 left。

设置表格的背景和设置表格内容的对齐见示例 3.11。

🖉【示例 3.11】表格背景和对齐设置

```
table {
  width: 600px;
  height: 300px;
```

```
    border-collapse: collapse;
    border: 5px solid red;
}

td {
    border: 1px solid blue;
}

.bg_yellow{
    background-color: yellow;
    font-weight: bold;
    text-align: center;
}

.bg_red{
    background-color: red;
    font-weight: bold;
}
```

示例 3.11 在浏览器中的显示效果如图 3.16 所示。

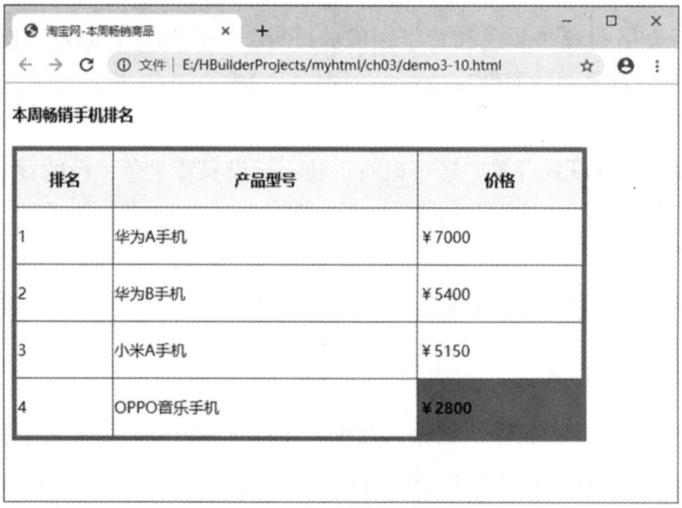

图 3.16　表格背景和对齐设置

4. 表格的填充与间距

在表格中，单元格之间是存在距离的，称为单元格间距，单元格中的内容与单元格的边框之间也有距离，称为填充。默认情况下，表格中的单元格之间的边框空间是展开的，这样就导制边框之间有间距，可以通过设置 border-collapse:collapse 样式将边框空间折叠起来，这样表格中的单元格边框之间就没有了间距。

在表格上设置 CSS 样式 border-spacing 的属性取值可以控制单元格之间的间距。单元格内容与单元格边框的填充距离可以通过 padding 属性来设置。

设置表格单元格的间距与填充见示例 3.12。

⃝ 【示例 3.12】设置表格单元格的间距与填充

```
<!DOCTYPE html>
<html>

    <head>
        <meta charset="utf-8" />
        <title>表格的填充与间距</title>
        <style type="text/css">
            table {
              border: 2px solid red;
              border-spacing: 20px;
            }

            td {
              padding: 10px;
              border: 2px solid red;
            }
        </style>
    </head>

    <body>
        <table cellspacing="80" cellpadding="30" bordercolor="red">
            <tr>
                <td>产品型号</td>
                <td>价格</td>
            </tr>
            <tr>
                <td>iPhoneXR</td>
                <td>4500</td>
            </tr>
        </table>
    </body>

</html>
```

在示例 3.11 中，设置表格中单元格的间距为 30 px，单元格与内容之间的填充为 10 px，在浏览器中的显示效果如图 3.17 所示。

图 3.17　表格的间距与填充

3.3.2　表格布局

表格在网页中的布局很常见，使用表格布局可以整齐地排列网页的内容，网页结构也比较清晰。图 3.18 所示的页面可以使用表格布局来实现。

图 3.18　淘宝网的页面

下面通过表格布局来制作图 3.18 页面的一部分内容，如图 3.19 所示。

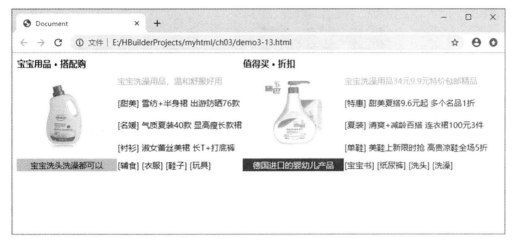

图 3.19 表格布局案例

使用表格布局实现图 3.19 页面所示效果的步骤如下：

（1）根据需求创建表格。通过观察需要实现的页面效果图，能够看出该效果图可以采用 6 行 4 列的表格，两个标题跨 2 列，2 张图片跨 4 行，然后为表格添加内容。

```
<table>
    <tr>
        <td colspan="2"> 宝宝用品·搭配购 </td>
        <td colspan="2"> 值得买·折扣 </td>
    </tr>
    <tr>
        <td rowspan="4"><imgsrc="images/pro1.jpg" /></td>
        <td><a href="#"> 宝宝洗澡用品，温和舒服好用 </a></td>
        <td rowspan="4"><imgsrc="images/pro2.jpg" /></td>
        <td><a href="#"> 宝宝洗澡用品 34 元 9.9 元特价包邮精品 </a></td>
    </tr>
    <tr>
        <td><a href="#">[ 甜美 ] 雪纺 + 半身裙 出游防晒 76 款 </a></td>
        <td><a href="#">[ 特惠 ] 甜美夏搭 9.6 元起 多个名品 1 折 </a></td>
    </tr>
    <tr>
        <td><a href="#">[ 名媛 ] 气质夏装 40 款 显高瘦长款裙 </a></td>
        <td><a href="#">[ 夏装 ] 清爽 + 减龄百搭 连衣裙 100 元 3 件 </a></td>
    </tr>
    <tr>
        <td><a href="#">[ 衬衫 ] 淑女蕾丝美裙 长 T+ 打底裤 </a></td>
        <td><a href="#">[ 单鞋 ] 美鞋上新限时抢 高贵凉鞋全场 5 折 </a></td>
```

```
        </tr>
        <tr>
            <td><a href="#"> 宝宝洗头洗澡都可以 </a></td>
            <td><a href="#">[ 辅食 ]  [ 衣服 ]  [ 鞋子 ]  [ 玩具 ]</a></td>
            <td><a href="#"> 德国进口的婴幼儿产品 </a></td>
            <td><a href="#">[ 宝宝书 ]  [ 纸尿裤 ]  [ 洗头 ]  [ 洗澡 ]</a></td>
        </tr>
    </table>
```

（2）美化表格，设置相关样式属性。

```
<!DOCTYPE html>
<html lang="en">

    <head>
        <meta charset="UTF-8">
        <meta name="viewport" content="width=device-width, initial-scale=1.0">
        <title>Document</title>
        <style type="text/css">
            .bold {
                font-weight: bold;
            }

            table {
                width: auto;
                border-collapse: collapse;
            }

            table a {
                text-decoration: none;
                color: black;
                font-size: 15px;
            }

            .orange {
                color: orange;
            }

            .bg-pink {
                text-align: center;
                background-color: pink;
```

```
        }

        .bg-blue {
          text-align: center;
          background-color: blue;

        }

        .bg-blue a {
          color: white;
        }
    </style>
</head>


<body>
    <table>
        <tr>
            <td colspan="2" class="bold">宝宝用品·搭配购 </td>
            <td colspan="2" class="bold">值得买·折扣 </td>
        </tr>
        <tr>
            <td rowspan="4"><imgsrc="images/pro1.jpg" /></td>
            <td><a href="#" class="orange">宝宝洗澡用品，温和舒服好用 </a></td>
            <td rowspan="4"><imgsrc="images/pro2.jpg" /></td>
            <td><a href="#" class="orange">宝宝洗澡用品 34 元 9.9 元特价包邮
精品 </a></td>
        </tr>
        <tr>
            <td><a href="#">[ 甜美 ] 雪纺＋半身裙 出游防晒 76 款 </a></td>
            <td><a href="#">[ 特惠 ] 甜美夏搭 9.6 元起 多个名品 1 折 </a></td>
        </tr>
        <tr>
            <td><a href="#">[ 名媛 ] 气质夏装 40 款 显高瘦长款裙 </a></td>
            <td><a href="#">[ 夏装 ] 清爽＋减龄百搭 连衣裙 100 元 3 件 </a></td>
        </tr>
        <tr>
            <td><a href="#">[ 衬衫 ] 淑女蕾丝美裙 长 T+ 打底裤 </a></td>
            <td><a href="#">[ 单鞋 ] 美鞋上新限时抢 高贵凉鞋全场 5 折 </a></td>
        </tr>
        <tr>
            <td class="bg-pink"><a href="#"> 宝宝洗头洗澡都可以 </a></td>
```

```
            <td><a href="#">[辅食] [衣服] [鞋子] [玩具]</a></td>
            <td class="bg-blue"><a href="#">德国进口的婴幼儿产品</a></td>
            <td><a href="#">[宝宝书] [纸尿裤] [洗头] [洗澡]</a></td>
        </tr>
    </table>

    </body>

</html>
```

经过上述步骤后完成的页面效果如图 3.19 所示。

通过以上的学习，对于表格的布局已经有了简单了解，在后续章节中学习表格的布局与美化修饰，届时设计的表格将更加漂亮、规范。

实践任务

任务 1　制作商品销售报表

【需求说明】

淘宝网商家需要一个报表统计其第一季度的商品销售情况，如图 3.20 所示。

图 3.20　数码商品销售统计

提示：

（1）使用 colspan 和 rowspan 设置跨列与跨行处理。

（2）使用 border 设置表格的边框宽度，bordercolor 设置表格的边框颜色。

（3）使用 bgcolor 设置行的背景色，背景色为 "yellow"。

（4）商品分类、商品名称和小计跨 2 行，第一季度和第二季度跨 3 列。

【实现思路】

（1）创建表格，使用 <table>、<caption>、<tr>、<th> 和 <td> 等标签。

（2）向表格中添加内容。

（3）修饰美化表格，设置表格行的背景颜色。

【参考代码】

参考代码略。

任务 2　使用表格展示商品

【需求说明】

制作商品展示页面，展示数码类商品的图片、商品基本信息和商品价格，页面效果如图 3.21 所示。

图 3.21　数码类商品信息展示页面

【实现思路】

（1）使用表格布局，在表格中插入商品图片。

（2）使用列表标签，插入商品信息。

（3）使用样式，设置网页显示效果。

【参考代码】

参考代码略。

小　　结

本章主要讲解了列表标签和表格标签。列表分为无序列表、有序列表、定义列表，表格主要使用 table、tr、td 等标签，使用 CSS 样式可以对表格进行美化，本章主要内容的思维导图如下所示。

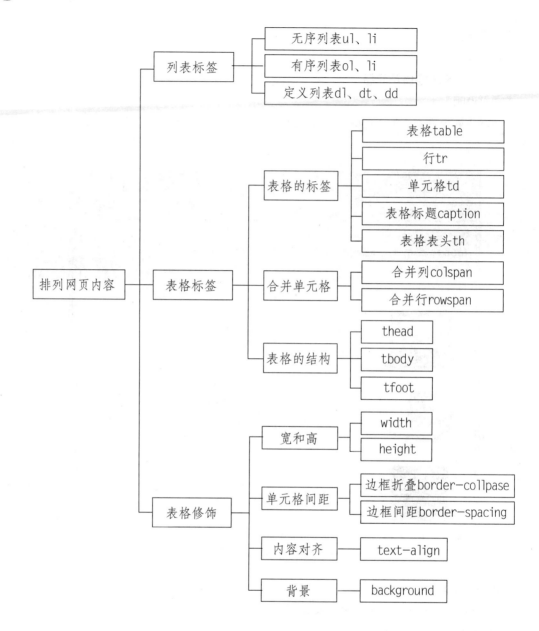

习　题

一、选择题

1. 下列选项中，表示有序列表的标签是（　　）。

　　A. <ul>　　　　　　　B. <li>　　　　　　　C. <ol>　　　　　　　D. <dl>

2. 在表格标签中，下列（　　）属性用于设置表格背景图片。

　　A. background　　　B. bgcolor　　　　　C. border　　　　　D. height

3. 下列选项中，关于定义列表标签的说法，错误的有（　　）。

　　A. 定义列表标签，使用 <dl>、<dt>、<dd> 实现

B. 定义列表标签中只能有一个 <dt>

C. 定义列表标签中只能有一个 <dd>

D. 定义列表标签可以实现将图片与文字组织在一起

4. 下列关于表格中标签的说法，错误的是（　）。

A. 表格中可以设置多个 <tr> 标签

B. 表格中使用 <caption> 标签设置表格的标题

C. 表格的宽度与高度不能改变

D. 表格中单元格标签 <td> 可以实现跨行与跨列

二、简答题

1. 常用的列表有哪几类？使用哪些标签实现这些列表。

2. 在 HTML 中创建表格需要哪些标签？修饰表格的样式属性有哪些？它们的主要作用是什么？

第 4 章
表单与框架

本章简介

上一章介绍了列表标签和表格标签，学习了如何使用列表和表格标签排列网页内容，掌握了表格的创建、美化修饰和在表格中实现图文混合的布局。本章将学习 HTML 中的表单及其表单元素，使用表单可以接收用户输入的数据，通过表单提交数据，实现数据的传递。本章还介绍了内嵌框架，通过内嵌框架可以将某个网页嵌入到其他页面内。本章重点内容是表单及表单元素的用法，难点是理解表单中的 get 和 post 方式提交数据的区别，最后将使用表格对表单元素进行布局。

学习目标

◆ 掌握表单标签的用法
◆ 掌握各种表单元素
◆ 理解 get 和 post 的区别
◆ 使用表格为表单元素布局
◆ 网页内嵌框架的使用

实践任务

◆任务 1　制作 SHOPMALL 网上超市注册页面
◆任务 2　制作 SHOPMALL 的登录页面

4.1　表单

4.1.1　表单概述

视　频

表单标签

在遨游网络世界时，除了浏览网页信息，有时还需要将一些数据输入到网页中，经过网页提交至服务器。例如，登录学信网时需要输入账号和密码，如图 4.1 所示。

图 4.1　学信网登录

注册网站的用户时需要输入用户的信息，如图 4.2 所示。

图 4.2　QQ 注册

用户输入在网页中的信息均通过表单中的各表单元素来接收，例如文本框、下拉列表、单选按钮、复选框等，接收到用户输入的信息后传递给服务器处理。

图 4.2 所示的注册页面中包含了以下表单元素：

（1）文本框：常用于输入姓名、用户名和电子邮件等。

（2）密码框：用于输入密码，显示为代替字符，如星号"*"。

（3）单选按钮：在多个选项中选择一个，如性别。

（4）复选框：在多个选项中可以选择 1 个或多个，如爱好。

（5）下拉列表：在多个下拉选项中选择 1 个，如省份、月份等。

（6）按钮：通常用于执行表单信息的提交或取消等功能。

表单在网页开发中很常见，典型的应用场景有以下几种：

（1）网站的登录、注册。

（2）填写订单信息。

（3）填写调查问卷。

（4）输入关键字搜索。

4.1.2　表单的基本语法

在 HTML 中，使用 <form> 标签创建表单。在 <form> 标签体中可以嵌入各种类型的表单元素，如单行文本框、密码框和提交按钮等。<form> 标签体除了可以包含表单元素之外，还可以包含文本、图像以及其他 HTML 元素。

一个表单可以向 Web 服务器传递多个信息，但每个信息都需要有唯一的名称标识。因此，表单中的每个表单元素都应有一个 name 属性，用于指定表单元素的名称。如此，Web 服务器可以根据表单元素的名称来获取客户端传递给服务器的信息。创建表单的语法如下：

【语法】

```
<form name="表单名字" action="URL" method="get/post">
    表单元素
</form>
```

1. name 属性
用于设置标识表单的名称。

2. action 属性
用于设置处理表单提交数据的 URL。例如：

```
<form  action="URL" >……</form>
```

当用户填写完表单后，单击"提交"按钮，浏览器将表单信息提交至当前 Web 系统的服务器。服务器完成对提交信息的处理工作。

3. method 属性

该属性用于定义浏览器将表单中的信息提交给服务器端的方式，其值可以取 post 和 get。两者的主要区别有以下两点：

1）安全性

在使用 get 方式时，提交的信息会出现在浏览器的地址栏中，post 方式提交的数据不会出现在地址栏中。显然，在对安全性有要求的情况下，不建议使用 get 方式，而应该使用 post 方式。

2）提交数据的长度

使用 get 方式提交的数据有长度限制，使用 post 方式提交的数据没有长度限制，所以当使用表单提交的数据比较大时，建议使用 post 方式。

下面通过示例 4.1 来说明表单的使用，以及表单提交方式的区别。

📎 【示例 4.1】用户登录

（1）登录页面 login.html 代码：

```
<!DOCTYPE html>
<html lang="en">

    <head>
        <meta charset="UTF-8">
        <meta name="viewport" content="width=device-width, initial-scale=1.0">
        <title>Document</title>
    </head>

    <body>
        <h2>用户登录</h2>
        <hr/>
        <form action="login_success.html" method="get">
            <p>账号:<input type="text" name="username" /></p>
            <p>密码:<input type="password" name="password" /></p>
            <p>
                <input type="submit" value="登录" />
                <input type="reset" value="取消" />
            </p>

        </form>

    </body>

</html>
```

在 login.html 登录页面中，输入用户名"admin"和密码"123456"，效果如图 4.3 所示。

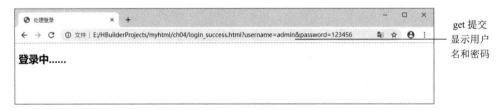

图 4.3　用户登录

点击"登录"按钮，跳转至 login_success.html 登录处理页面，效果如图 4.4 所示。

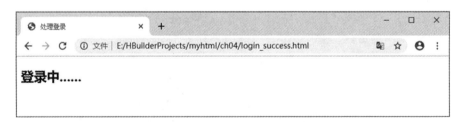

get 提交
显示用户
名和密码

图 4.4　get 提交后跳转

在图 4.4 中，可以看到用户输入的用户名"admin"和密码"123456"暴露在了地址栏中，如果将表单的提交方式 method 属性改为 post，则在地址栏中就不会出现用户名和密码信息，效果如图 4.5 所示。

图 4.5　使用 post 方式提交登录信息

● 视频

表单元素

4.2　表单元素

4.2.1　表单元素的基本格式

学习了表单的基本语法后，下面介绍表单中各表单元素的具体用法，包括文本框、按钮和下拉列表等。除下拉列表框、多行文本域等少数表单元素外，大部分表单元素均使用 \<input\> 标签，只是它们的属性设置不同，其统一用法如下：

```
<input name=" 表单元素名称 " type=" 类型 " value=" 值 " size=" 显示宽度 "
maxlength=" 能输入的最大字符长度 " checked=" 是否选中 "/>
```

各属性的具体含义见表 4.1。

表 4.1　<input> 元素的属性

属　性	说　明
type	指定表单元素的类型，可用的选项有 text、password、checkbox、radio、submit、reset、file、hidden、image 和 button，默认为 text
name	指定表单元素的名称
value	指定表单元素的初始值
size	指定表单元素的初始宽度。如果 type 为 text 或 password，则表单元素的大小以字符为单位；对于其他输入类型，宽度以像素为单位
maxlength	指定可在 text 或 password 元素中输入的最大字符串，默认无限制
checked	此属性只有一个值，为 checked，表示选中状态，如果不选中，则无须添加此属性
readonly	当文本框标签的 readonly 属性指定为 readonly 时，文本框中的值不允许更改

HTML5 拥有多个新的表单输入类型。这些新特性提供了更好的输入控制和验证，这些新的输入类型有：

（1）email 类型，email 类型用于包含 E-mail 地址的输入域，在提交表单时，会自动验证 email 域的值。

（2）url 类型，url 类型用于包含 URL 地址的输入域，在提交表单时，会自动验证 url 域的值。

（3）number 类型，number 类型用于包含数值的输入域，还可以设定数值的范围。

（4）range 类型，range 类型用于包含一定范围内数字值的输入域。

（5）Date pickers（date, month, week, time, datetime, datetime-local）类型，多个可供选取日期和时间的新输入类型。

（6）search 类型，search 类型用于搜索域，比如站点搜索或 Google 搜索。

（7）color 类型，color 类型是 <input> 元素中的一个特定种类，用来创建一个允许用户使用的颜色选择器，或输入兼容 CSS 语法的颜色代码的区域。

下面逐一介绍表单中常用的表单元素。鉴于表单元素较多，为了便于学习和练习，按照由易到难的顺序，逐一介绍。

4.2.2　表单元素介绍

1. 文本框

表单中最常用的输入元素就是文本框（Text），它提供给用户输入单行文本信息，如输入用户名。文本框的用法很简单，只需将 <input> 标签的 type 属性设置为 text 即可。文本框的使用如下：

```
<form name="myform" action="" method="post">
    姓名:<input type="text" name="username" size="20" value="jack" readonly=
"readonly"/><br/>
    邮箱:<input type="text" name="username" value="xxx@xxx"/><br/>
</form>
```

在浏览器中的显示效果如图 4.6 所示。

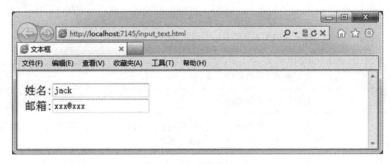

图 4.6　文本框的使用

2. 密码框

将表单元素的 type 属性设置为 password 即可创建一个密码框，在密码框中输入的字符均以
"*"显示，可以提高数据的安全性。密码框的使用如下：

```
<form name="myform" action="" method="post">
    姓名:<input type="text" name="username" size="20"/><br/>
    密码:<input type="password" name="pwd"/><br/>
</form>
```

在浏览器中的显示效果如图 4.7 所示。

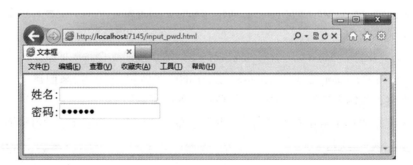

图 4.7　密码框的使用

3. 单选按钮

单选按钮用于一组相互排斥的选项，组中的每个选项应具有相同的名称（name），以确保
用户只能选择一个选项，单选按钮对应的 type 属性为 radio。单选按钮的使用如下：

```
<form name="myform" action="" method="post">
    姓名:<input type="text" name="username" size="20"/><br/>
    密码:<input type="password" name="pwd"/><br/>
    性别:<input type="radio" name="sex" value=" 男 " checked="checked"/>
        男 <input type="radio" name="sex" value=" 女 "/> 女
</form>
```

在浏览器中的显示效果如图 4.8 所示。

默认被选中

图 4.8　单选按钮的使用

4. 复选框

复选框用于选择多个选项，将 input 的 type 属性设置为 checkbox 即可创建一个复选框。复选框的使用如下：

```
<form name="myform" action="" method="post">
    爱好:
        <input type="checkbox" name="hobby" value=" 篮球 " checked="checked"/>
篮球
        <input type="checkbox" name="hobby" value=" 足球 " /> 足球
        <input type="checkbox" name="hobby" value=" 羽毛球 " /> 羽毛球
        <input type="checkbox" name="hobby" value=" 唱歌 " /> 唱歌
</form>
```

在浏览器中的显示效果如图 4.9 所示。

图 4.9　复选框的使用

5. 文件域

文件域用于上传文件，使用文件域表单元素只需将 type 属性设置为 file 即可。文件域的使用如下：

```
<form name="myform" action="" method="post">
    照片 :<input type="file" name="photo"/><br/>
</form>
```

创建文件域后浏览器中会显示出一个不能输入内容的地址文本框和一个"浏览"按钮，如图 4.10 所示。

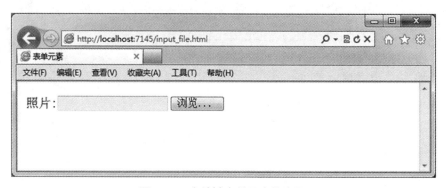

图 4.10　文件域表单元素的应用

单击"浏览"按钮，弹出"选择要加载的文件"对话框，选择文件后，文件的路径会显示在地址文本框中，如图 4.11 所示。

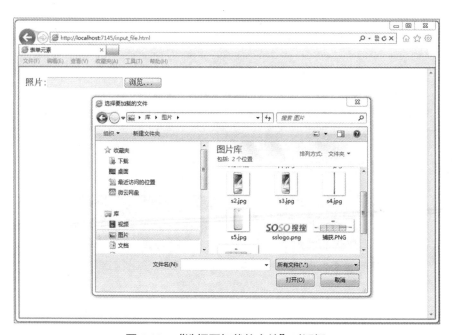

图 4.11　"选择要加载的文件"对话框

6. 下拉列表

下拉列表框主要可以使用户快速、方便、准确地选择一些选项，而且还能节省页面空间。它是通过 <select> 和 <option> 标签来实现的，<select> 标签用于显示可供用户选择的下拉列表，每个选项用一个 <option> 标签标识，<select> 标签必须包含至少一个 <option> 标签。语法如下：

```
<select name=" 指定列表的名称 "size=" 行数 ">
    <option value=" 可选择的值 " selected="selected"> 显示项的内容 </option>
    <option value=" 可选择的值 "> 显示项的内容 </option>
    …
</select>
```

其中，在有多种选项可供用户滚动查看时，size 属性确定列表中可同时看到的行数；selected 属性表示该选项在默认情况下是被选中的，而且一个列表框只能有一个列表项被默认选中，与单选按钮组类似。下拉列表的使用如下：

```
<form name="myform" action="" method="post">
    生日：
        <input type="text" name="year" maxlength="4"/> 年
        <select name="birth">
            <option value="-1" selected="selected"> 选择月份 </option>
            <option value="1" selected="selected"> 一月 </option>
            <option value="2" selected="selected"> 二月 </option>
            <option value="3" selected="selected"> 三月 </option>
            <option value="4" selected="selected"> 四月 </option>
            <option value="5" selected="selected"> 五月 </option>
            <option value="6" selected="selected"> 六月 </option>
        </select>
        <input type="text" name="year" maxlength="2"/> 日 <br/>
    省份：
        <select name="province">
            <option value="0" selected="selected"> 选择省份 </option>
            <option value="1" selected="selected"> 湖北 </option>
            <option value="2" selected="selected"> 湖南 </option>
            <option value="3" selected="selected"> 浙江 </option>
            <option value="4" selected="selected"> 江苏 </option>
            <option value="5" selected="selected"> 广东 </option>
        </select>
</form>
```

在浏览器中的显示效果如图 4.12 所示。

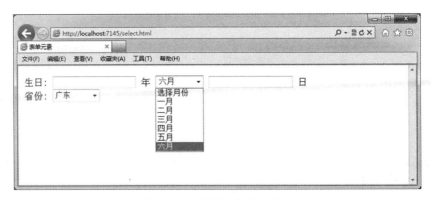

图 4.12　下拉列表的使用效果

7. 多行文本域

多行文本域用于显示或输入两行或两行以上的文本，它使用的标签是 <textarea>。语法如下：

```
<textarea name="指定名称" cols="列数" rows="行数">
    文本域的内容
</textarea>
```

其中，cols 用于指定多行文本域的列数，rows 用于指定多行文本域的行数。在 <textarea>...
<textarea> 标签中不能使用 value 属性来初始化文本域中的内容。文本域的使用如下：

```
<form name="myform" action="" method="post">
    <h4> 自我介绍 </h4>
    <textarea cols="50" rows="5">请输入自我介绍的内容......</textarea>
</form>
```

在浏览器中的显示效果如图 4.13 所示。

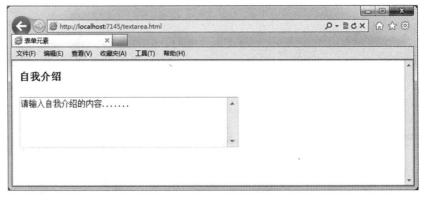

图 4.13　多行文本域的使用

8. 重置、提交与普通按钮

根据按钮的功能，分为提交按钮、重置按钮和普通按钮。提交按钮用于提交表单数据，重置按钮用于清空现有表单数据，普通按钮通常用于调用 JavaScript 脚本。在用法上，为不同的按钮设置不同的 type 属性值即可；如果要禁用按钮，则使用 disabled 属性设置其值为 disabled 即可。按钮的使用语法如下：

【语法】

```
<input type="submit"  value="提交按钮的显示值" name="名称"/>
<input type="reset"   value="重置按钮的显示值" name="名称"/>
<input type="button"  value="普通按钮的显示值" name="名称"/>
```

按钮的使用代码如下：

```
<form name="myform" action="" method="post">
    姓名:<input type="text" name="username" size="20" /><br/>
    <input type="submit" value="提交" />
    <input type="reset" value="重置" />
    <input type="button" value="购买" />
</form>
```

在浏览器中的显示效果如图 4.14 所示。

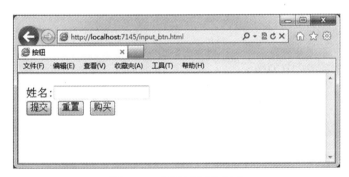

图 4.14 各种按钮的应用

9. HTML5 新增的表单元素

（1）email 类型的使用代码如下：

```
E-mail: <input type="email" name="usremail">
```

（2）url 类型的使用代码如下：

```
Homepage: <input type="url" name="user_url" />
```

（3）number 类型的使用代码如下：

```
Points: <input type="number" name="points" min="1" max="10" />
```

（4）range 类型的使用代码如下：

```
Range:<input type="range" name="points" min="1" max="10" />
```

（5）Date pickers (date, month, week, time, datetime, datetime-local) 类型的使用代码如下：

```
Date: <input type="datetime-local" name="user_date" />
```

（6）search 类型的使用代码如下：

```
Search: <input type="search" name="googlesearch">
```

（7）color 类型的使用代码如下：

```
Color: <input type="color">
```

将这些表单填入数据，在浏览器中的显示效果如图 4.15 所示。

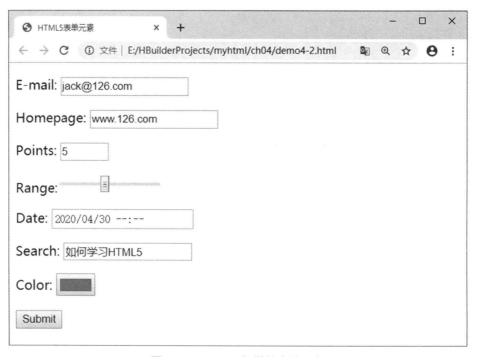

图 4.15　HTML5 新增的表单元素

4.3　表单的综合应用

在通常情况下，为了保证表单的格式整齐、清晰，在创建表单时，可以使用表格进行布局。下面以腾讯 QQ 邮箱用户注册案例来实现注册页面，效果如图 4.16 所示。

图 4.16　腾讯用户注册

具体实现步骤如下：

（1）在页面开始时添加 <p> 标签，在 <p> 标签中添加腾讯注册页面 logo 图像。

（2）在页面中添加 <form> 标签及其属性。

（3）在 <form> 标签中创建表格，在页面中添加 10 行 2 列的表格。

（4）在表格中添加各表单元素。

（5）为表格添加相关的属性，修饰表格。

使用表格布局制作的腾讯 QQ 注册页面的代码如下：

```
<form name="loginform" action="" method="post">
<table>
<tr>
<td> 邮箱账号 </td>
<td><input type="text" name="email" size="20" />
    <select>
        <option>@qq.com</option>
        <option>@foxmail.com</option>
    </select>
</td>
</tr>
<tr>
    <td> 昵称 </td>
    <td><input type="text" name="nickname" /></td>
```

```html
    </tr>
    <tr>
       <td>密码</td>
       <td><input type="password" name="password" /></td>
    </tr>
    <tr>
       <td>确认密码</td>
       <td><input type="password" name="repassword" /></td>
    </tr>
    <tr>
       <td>性别</td>
       <td><input type="radio" name="sex" value="男" />男
       <input type="radio" name="sex" value="女" />女</td>
    </tr>
    <tr>
       <td>生日</td>
       <td>
          <select name="type">
             <option value="0" selected="selected">公历</option>
             <option value="1">农历</option>
          </select>
          <select name="year">
             <option value="1">1990年</option>
             <option value="2">1991年</option>
             <option value="3">1992年</option>
          </select>
          <select name="month">
             <option value="0">1月</option>
             <option value="1">2月</option>
             <option value="2">3月</option>
          </select>
          <select name="day">
             <option value="0">1日</option>
             <option value="1">2日</option>
             <option value="2">3日</option>
          </select>
       </td>
    </tr>
    <tr>
       <td>所在地</td>
       <td>
          <select name="country">
```

```
            <option value="0" selected="selected">中国</option>
            <option value="1">美国</option>
            <option value="2">俄罗斯</option>
            <option value="3">英国</option>
        </select>
        <select name="province">
            <option value="1">湖北</option>
            <option value="2">湖南</option>
            <option value="3">浙江</option>
            <option value="4">江苏</option>
            <option value="5">广东</option>
        </select>
        <select name="city">
            <option value="0">武汉</option>
            <option value="1">宜昌</option>
            <option value="2">荆州</option>
        </select>
    </td>
</tr>
<tr>
    <td>验证码</td>
    <td><input type="text" name="username" size="20" />
    <imgsrc="images/getimage.jpg" height="25" /></td>
</tr>
<tr>
    <td></td>
    <td><input type="checkbox" name="protocal" />
    我已阅读并同意相关服务条款
    </td>
</tr>

<tr>
    <td></td>
    <td><input type="image" src="images/btn.jpg" width="150" height="40"
/></td>
</tr>
</table>
</form>
```

4.4 内嵌框架

4.4.1 <iframe> 的使用

<iframe> 标签规定一个内嵌框架。它主要用来在当前 HTML 文档中嵌入另一个文档。适用于将部分框架内嵌到页面的场合，通常用于引用其他网站的页面。内嵌框架的语法如下：

```
<iframesrc=" 引用页面地址" name=" 框架标识名" frameborder=" 边框 "
    scrolling="是否出现滚动条">
</iframe>
```

下面通过示例 4.2 来讲解内嵌框架的使用，在示例中将 baidu 与 soso 搜索页面嵌入到一个页面中。

📎【示例 4.2】内嵌框架的使用

```
<html>
    <head>
        <title>iframe 的使用 </title>
    </head>
    <body>
        <iframesrc="http://www.baidu.com" width="700px" height="700px"
frameborder="1" scrolling="no"></iframe>
        <iframesrc="http://www.soso.com" width="600px" height="700px"
frameborder="1" scrolling="no"></iframe>
    </body>
</html>
```

示例 4.2 在浏览器中的显示效果如图 4.17 所示。

图 4.17　内嵌框架的使用

内嵌框架 <iframe> 的常用属性包括 name、scrolling 和 frameborder 等，详细说明见表 4.2。

表 4.2　iframe 的属性

属　　性	值	描　　述
frameborder	1 0	HTML5 不支持。规定是否显示 <iframe> 周围的边框
height	pixels	规定 <iframe> 的高度
name	name	规定 <iframe> 的名称
sandbox	"" allow-forms allow-same-origin allow-scripts allow-top-navigation	对 <iframe> 的内容定义一系列额外的限制
scrolling	yes no auto	HTML5 不支持。规定是否在 <iframe> 中显示滚动条
seamless	seamless	规定 <iframe> 看起来像是父文档中的一部分
src	URL	规定在 <iframe> 中显示文档的 URL
srcdoc	HTML_code	规定页面中的 HTML 内容显示在 <iframe> 中
width	pixels	规定 <iframe> 的宽度

4.4.2　超链接与内嵌框架关联

实现超链接与内嵌框架关联的方法与前面讲的框架关联类似，首先需要为内嵌框架添加 name 属性，通过 name 属性标识内嵌框架；然后通过超链接的 target 属性设置内嵌框架的名称，所链接的页面将会在所设置的内嵌框架中打开。

下面讲解超链接与内嵌框架的关联，详细代码见示例 4.3。

（1）创建搜索引擎集合页面，效果如图 4.18 所示，在页面中单击搜索引擎的超链接，会在内嵌框架中打开不同的页面。

图 4.18　搜索引擎集合页面效果

（2）单击"搜搜"超链接，会在内嵌框架中显示搜搜页面，效果如图 4.19 所示。

图 4.19　搜搜页面

（3）单击"搜狗"超链接，会在内嵌框架中显示搜狗的信息，效果如图 4.20 所示。

图 4.20　搜狗的页面

🖉【示例 4.3】内嵌框架的使用

```
<!DOCTYPE html>
<html lang="en">

<head>
    <meta charset="UTF-8">
    <meta name="viewport" content="width=device-width, initial-scale=1.0">
```

```
<title>搜索引擎</title>
<style type="text/css">
    h1,p{
        text align: center;
    }
</style>
</head>

<body>
    <h1>搜索引擎集合</h1>
    <p>
        <a href="http://www.baidu.com" target="main">百度</a>
        <a href="http://www.soso.com" target="main">搜搜</a>
        <a href="http://www.sogou.com" target="main">搜狗</a>
    </p>

    <div><iframe src="http://www.baidu.com" frameborder="1" scrolling="no"
name="main" width="1200px" height="600px"></iframe></div>


</body>

</html>
```

实践任务

任务 1　制作 SHOPMALL 网上超市注册页面

【需求说明】

制作 SHOPMALL 网上超市注册页面，效果如图 4.21 所示。页面使用表单元素文本框、密码框、按钮。页面采用 DIV+CSS 来布局。

【实现思路】

（1）搭建页面框架。

（2）添加表单元素。

（3）美化页面。

【参考代码】

（1）HTML 页面的代码：

图 4.21　SHOPMALL 网上超市注册页面

```html
<!DOCTYPE html>
<html>
<head lang="en">
    <meta charset="UTF-8">
    <title>注册</title>
    <link rel="stylesheet" href="css/base.css">
    <link rel="stylesheet" href="css/register.css">
</head>
<body>
<header id="headNav">
    <div class="innerNav clear">
        <a class="fl" href="#"><imgsrc="images/loginlogo.jpg" alt=""></a>

        <div class="headFontfr">
            <span>您好，欢迎光临 SHOPMALL 网上超市！<a href="#">请登录</a></span>
            <a class="helpLink" href="#"><i class="runbun"></i>帮助中心<i
class="turnb"></i></a>
        </div>
        <div class="outHelp">
            <ul class="helpYou" style="display: none;">
                <li><a href="#">包裹跟踪</a></li>
                <li><a href="#">常见问题</a></li>
                <li><a href="#">在线退换货</a></li>
                <li><a href="#">在线投诉</a></li>
                <li><a href="#">配送范围</a></li>
            </ul>
        </div>
    </div>
</header>
<section id="secTab">
    <div class="innerTab">
    <h2>SHOPMALL 注册</h2>
    <form action="#">
        <div class="tableItem">
            <span class="userPhone">手机号</span>
            <input type="text" required placeholder="手机号"/>
        </div>
        <div class="clear">
            <div class="tableItemonlyItemfl">
                <span class="userPhone">手机号</span>
                <input class="" type="text" required placeholder="手机号"/>
            </div>
```

```
            <a class="tableTextfr" href="#">获取验证码</a>
        </div>
        <div class="tableItem">
            <span class="setPass">设置密码</span>
            <input type="password" required placeholder="密码"/>
        </div>
        <div class="tableItem">
            <span class="turePass">确认密码</span>
            <input type="password" required placeholder="确认密码"/>
        </div>
        <p class="clickRegist">点击注册，表示您同意 SHOPMALL <a href="#">《服
务协议》</a></p>
        <button class="tableBtn">同意协议并注册</button>
    </form>
    </div>
  </section>
  <footer id="footNav">
    <p><a href="#">鄂 ICP 备 13044278 号</a>|  合字 B2-20130004  |
<a href="#">营业执照</a></p>

    <p>Copyright © SHOPMALL 店网上超市 2019-2025, All Rights Reserved</p>
  </footer>
  </body>
  </html>
```

（2）公共页面的 CSS 代码：

```css
/* 重置样式 */
body,html,ul,ol,li,h1,h2,h3,h4,h5,h6,p {
    padding: 0;
    margin: 0;
    font: 12px Arial,Helvetica,sans-serif;
}
h1, h2, h3, h4, h5, h6 {
    font-weight: normal;
}
li {
    list-style: none;

}
a {
    text-decoration: none;
}
```

```css
img {
    vertical-align: top;
    color:#999;
    font-size:14px;
}
.fl {
    float: left;
}
.fr {
    float: right;
}
.clear:after{
    content: '';
    display: block;
    clear: both;
}

/* 公共部分 */
body {
    background: #fcfcfc;
}
/*head 部分 */
#headNav {
    padding: 16px;
    background: #FFF;
    border-bottom: 1px solid #e1e1e1;
    box-shadow: 0px 0px 10px #ccc;
}
.innerNav {
    margin: 0 auto;
    width: 1200px;
    position: relative;
}
#headNavimg {
    display: block;
    height: 55px;
    width: auto;
}
.headFont span,.headFont a {
    line-height: 18px;
    font-family: "SimSun";
    font-size: 12px;
```

```css
        color: #999;
        vertical-align: middle;
}
.headFont span a {
        color: #06c;
}
.headFont span a:hover {
        color: #f60;
}
.headFont>a {
        margin-left: 25px;
        color: #E60012;
}
.headFont>a {
        margin-left: 25px;
        color: #333;
}

.runbun,.turnb {
        display: inline-block;
        width: 16px;
        height: 16px;
        vertical-align: middle;
        margin: 0 4px;
}
.runbun {
        background: url(../images/runbun.png) no-repeat;
        background-size: 100% 100%;
}
.turnb {
        background: url(../images/turnb.png) no-repeat;
        background-size: 100% 100%;
}
.helpLink {
        color: #333;
        font-size: 12px;
}
.helpLink:hover {
        color: #E60012;
}
.outHelp {
        position: absolute;
```

```css
        top: -4px;
        right: 0;
        width: 98px;
        padding-top: 25px;
        border: 1px solid #CCC;
}
.helpYou {
        background: #fff;
}
.helpYou li a {
        height: 24px;
        display: block;
        padding-left: 25px;
        border-top: 1px dotted #e4e4e4;
        background: #FFF;
        line-height: 24px;
        color: #333;
}
.helpYou li a:hover {
        color: #E60012;
}
/* 按钮 */
.tableBtn {
        width: 330px;
        height: 52px;
        border: 0 none;
        border-radius: 3px;
        background: #ff3c3c;
        font-size: 16px;
        color: #FFF;
        cursor: pointer;
        text-shadow: 1px 1px1px #ff7373;
        font-family: "Microsoft YaHei";
        line-height: 52px;
}
/*foot 部分 */
#footNav {
        width: 980px;
        margin: 20px auto 0;
        text-align: center;
}
#footNav p {
```

```
        margin-top: 10px;
        color: #333;
}
#footNav p a {
        padding: 0 6px;
        color: #333;
}
#footNav p a:hover {
        color: #c00;
}
```

（3）注册页面的 CSS 代码：

```
/*register.css*/
#secTab {
        padding-top: 26px;
}
.innerTab {
        width: 330px;
        margin: 0 auto;
}
.innerTab>h2 {
        text-align: center;
        font: bold 24px/50px "microsoftyahei";
        color: #333;
        margin-bottom: 10px;
}
.tableItem {
        position: relative;
        z-index: 100;
        height: 24px;
        margin-bottom: 10px;
        padding: 14px 0;
        border: 1px solid #dedede;
        background: #FFF;
        line-height: 24px;
}
.tableItem span {
        position: absolute;
        left: 20px;
        top: 0;
        display: none;
```

```css
        height: 50px;
        font: 14px/50px "sisum";
        color: #666;
    }


.onlyItem {
        width: 192px!important;
    }
.tableText {
        display: inline-block;
        /*position: relative;*/
        /*z-index: 2;*/
        width: 126px;
        height: 50px;
        margin-left: 10px;
        text-align: center;
        background-color: #57565f;
        font: bold 12px/52px "sisum";
        color: #fff;
        cursor: default;
        border-radius: 2px;
        font-size: 14px;
    }
.tableItem input {
        vertical-align: middle;
        width: 100%;
        height: 24px;
        padding: 0 20px;
        border: 0 none;
        line-height: 24px;
        vertical-align: middle;
        font-family: "Microsoft YaHei";
        font-size: 14px;
        outline: none;
        box-sizing: border-box;
    }
.clickRegist {
        height: 35px;
        line-height: 35px;
        color: #666;
        text-indent: 1em;
    }
```

```
.clickRegist a {
    color: #06c;
}
```

任务 2 制作 SHOPMALL 的登录页面

【需求说明】

制作 SHOPMALL 的登录页面,登录需要账号和密码,单击"登录"按钮实现登录。实现
效果如图 4.22 所示。

图 4.22 SHOPMALL 登录页面

【实现思路】

(1)搭建页面框架。

(2)添加表单元素。

(3)美化页面。

【参考代码】

```
<!DOCTYPE html>
<html lang="en">
<head>
    <meta charset="UTF-8">
    <title>登录</title>
```

```html
        <link rel="stylesheet" href="css/base.css">
        <link rel="stylesheet" href="css/load.css">
    </head>
    <body>
        <header id="headNav">
            <div class="innerNav clear">
                <a class="fl" href="#"><imgsrc="images/loginlogo.jpg" alt=""/></a>
                <div class="headFontfr">
                    <span>您好，欢迎光临 SHOPMALL！<a href="#">请登录</a></span>
                    <a class="helpLink" href="#"><i class="runbun"></i>帮助中心
<i class="turnb"></i></a>
                </div>
                <div class="outHelp">
                    <ul class="helpYou" style="display: none;">
                        <li><a href="#">包裹跟踪</a></li>
                        <li><a href="#">常见问题</a></li>
                        <li><a href="#">在线退换货</a></li>
                        <li><a href="#">在线投诉</a></li>
                        <li><a href="#">配送范围</a></li>
                    </ul>
                </div>
            </div>
        </header>
        <section id="secBody">
            <div class="innerBody clear">
                <img class="fl" src="images/loadimg.jpg" alt=""/>
                <div class="tableWrapfr">
                    <form action="#">
                        <div class="tableTap clear">
                            <h3 class="fl">SHOPMALL 用户登录</h3>
                            <a class="fr" href="#">注册账号</a>
                        </div>
                        <div class="tableItem">
                            <i class="userHead"></i>
                            <input type="text" placeholder="邮箱/手机/用户名" required />
                        </div>
                        <div class="tableItem">
                            <i class="userLock"></i>
                            <input type="password" placeholder="密码" required/>
                        </div>
```

```
            <div class="tableAuto clear">
                <a class="autoMaticfl" href="#">
                    <input class="loadGiet"  type="checkbox"/> 自动登录 </a>
                <a class="fr" href="#"> 忘记密码？</a>
            </div>
            <button class="tableBtn"> 登录 </button>
        </form>
        <h2 class="moreWeb"> 更多合作网站账号登录 </h2>
        <div class="outType clear">
            <ul class="loadType clear">
                <li class="fl"><a href="#"></a></li>
                <li class="fl"><a href="#"></a></li>
                <li class="fl"><a href="#"></a></li>
                <li class="fl"><a href="#"></a></li>
                <li class="loadMorefr"> 更多合作网站 <i></i></li>
            </ul>
        </div>
            <ul class="typeWeb clear">
                <li class="fl"><i></i><a href="#"> 百度 </a></li>
                <li class="fl"><i></i><a href="#"> 百度 </a></li>
                <li class="fl"><i></i><a href="#"> 百度 </a></li>
                <li class="fl"><i></i><a href="#"> 百度 </a></li>
                <li class="fl"><i></i><a href="#"> 百度 </a></li>
            </ul>
        </div>
      </div>
    </section>
    <footer id="footNav">
        <p><a href="#"> 鄂 ICP 备 13044266 号 </a>|   合字 B1-
201999999  |<a href="#"> 营业执照 </a></p>
        <p>Copyright © SHOPMALL 网上超市 2007-2016, All Rights Reserved</p>
    </footer>
</body>
</html>
```

▌小　　结

　　本章主要讲解了表单及常用的表单元素，通过表单可以接收用户的输入信息。通过内嵌框架可以在网页中嵌入其页面内容。本章内容的思维导图如下所示。

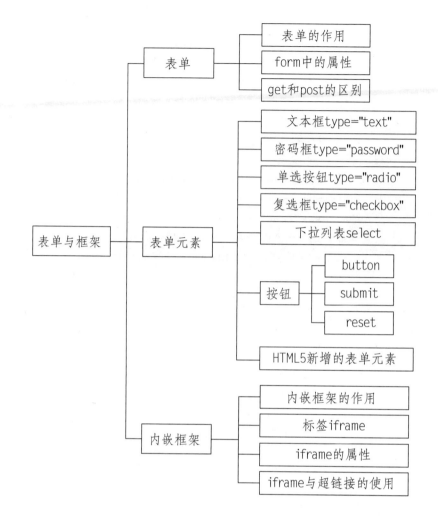

习　题

一、选择题

1. 表单提交数据的方式有（　　）。

    A.　post　　　　　　　　B.　put　　　　　　　　C.　head　　　　　　　　D.　get

2. 在 \<input\> 标签中，type 属性设置为（　　）值时，表单元素为单选按钮。

    A. radio　　　　　　　　B. radiobutton　　　　　　C. check　　　　　　　　D. checkbox

3. 下列关于表单提交方式的说法错误的是（　　）。

    A. 使用 get 提交的数据没有长度限制　　　B. 文件上传时选用 post 提交方式

    C. 使用 get 提交的数据会显示在地址栏　　D. 使用 post 提交的信息最大为 2 MB

4. 下列关于下拉列表的说法正确的有（　　）。

    A.　列表项 \<option\> 中设置 selected 属性后会默认显示在下拉列表上

    B. 下拉列表标签中只能有一个 \<option\> 元素

C. 下拉列表中可以添加多个 <option> 元素

　　D. 列表项显示的值是由 value 属性设置的

5. 下列属性中，（　　）不适用于 <iframe> 标签。

　　A.　border="1"　　　　　　　　　　　D.　scrolling="no"

　　C.　href="head.html"　　　　　　　　D.　name="head"

二、简答题

1. 表单 <form> 标签有哪些常用属性？它们有什么作用？

2. 常用的表单元素有哪些？在录入性别信息时，使用什么表单元素比较合适？

3. 内嵌框架有哪些属性，它们分别有什么作用？

三、编码题

实现百度的注册页面 reg.html，单击首页中的"注册"按钮，跳转至该页面，页面效果如图 2.23 所示。

图 2.23　注册页面效果图

第5章
网页布局设计

本章简介

在前面章节中通过 CSS 样式表能对页面内容进行美化修饰，修饰页面是 CSS 功能的一部分，使用 CSS 还可以设计页面布局。设计页面布局是制作网页的第一步，在为网页添加内容之前，首先要规划好网页的模块结构，然后再添加页面内容。好的布局设计不仅能清晰地展示网页的内容，还可以提高网页的整体美感。之前使用表格布局有语义性差、布局不够灵活以及难以维护等缺点。本章将学习使用 DIV+CSS 来实现页面整体布局，主要内容包括盒子的定位与浮动，基础是要理解标准文档流的概念，最后还会通过案例分析常见的布局模型，并实现页面的整体布局。

学习目标

◆ 理解标准文档流
◆ 掌握盒子的定位属性
◆ 掌握盒子的浮动属性
◆ 使用 CSS 设计页面布局

实践任务

◆任务 1　页面整体布局
◆任务 2　菜单布局
◆任务 3　清华大学首页菜单

5.1　盒子的定位

5.1.1　标准文档流

视 频 ●┄┄┄

盒子的定位

当一个 HTML 页面被浏览器打开时，浏览器首先会对页面进行解析，读取 HTML 页面中的所有内容，然后将内容显示在浏览器的页面上。当没有通过 CSS 样式对页面中的元素进行布局时，页面显示的内容会按照标准的排版模式进行内容布局，将这种标准的排版方式称为标准文档流。标准文档流是指浏览器读取 HTML 内容后对元素进行排列的一种标准方式，在这种标准方式中，浏览器会根据读取到标签的先后顺序排列 HTML 元素，在显示网页时，元素按照从左至右、自上而下的顺序排列。标准文档流的显示方式如图 5.1 所示。

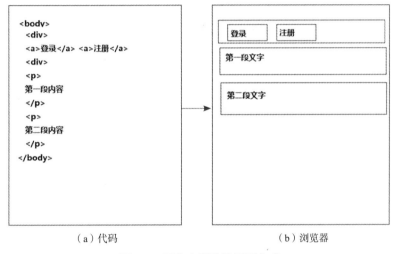

（a）代码　　　　　　　　　　　　　　　（b）浏览器

图 5.1　标准文档流的显示方式

在图 5.1 中，body 是最大的块级元素，在 body 中有一个 <div> 标签和两个 <p> 标签，<div> 标签在两个 <p> 标签之前显示。在 <div> 标签内部，两个 <a> 标签按照从左至右的顺序进行显示，而 <div> 和 <p> 标签之间是从上至下依次显示的。这是因为标准文档流对页面按照先后顺序读取并解析，显示出来的元素按照元素在代码中的先后顺序进行排列，对行内元素（inline）默认按照从左至右排列，对块级元素（block）默认按照从上至下进行排列，且各元素在页面中占相应的空间大小，不能相互重叠，页面内的元素各自占有自己在页面中的空间位置。

思考：在前面章节中制作的 HTML 页面在浏览器中是否皆按照标准文档流进行排列？

在标准文档流中，如果想改变块级元素与行内元素的默认显示方式，可以通过 display 属性更改。display 的取值有 block、inline 和 none。当取值为 block 时，行内元素将按照块级来显示，即每个元素占一行，可以设置元素的 width 和 height；当 display 取值为 inline 时，块级标签会失去块级显示的特性，变为与行内元素相同，显示在一行且从左至右排列，同时也不能设置 width 和 height，其宽度与高度由自身的内容来决定；当 display 取值为 none 时，该元素不会显示在网页中。下面通过示例 5.1 学习 display 的用法。

✐【示例 5.1】display 属性的使用

```html
<!DOCTYPE html>
<html lang="zh_cn">


    <head>
        <meta charset="UTF-8">
        <meta name="viewport" content="width=device-width, initial-scale=1.0">
        <title>display 属性</title>
        <style type="text/css">
            body {
              font-size: 16px;
            }

            div {
              border: 3px solid black;
              /* 黑色实线边框 */
              margin: 5px;
              width: 100px;
              /* 宽度为 100px*/
              height: 30px;
              /* 高度为 30px*/
            }

            span {
              border: 3px dashed black;
              /* 黑色虚线边框 */
              margin: 5px;
            }
        </style>
    </head>

    <body>
        <div>Box1</div>
        <div>Box2</div>
        <div>Box3</div>
        <span>content1</span><span>content2</span><span>content3</span>
    </body>

</html>
```

示例 5.1 为没有添加 display 属性的页面代码，其显示效果如图 5.2 所示。

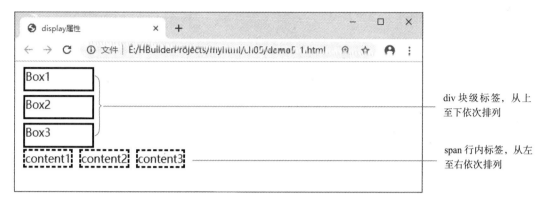

div 块级标签，从上
至下依次排列

span 行内标签，从左
至右依次排列

图 5.2　默认的 display 属性效果

为 div 添加 display 属性值 inline，为 span 添加 display 属性值 block，修改代码如下：

```
div {
    border:3px solid black;
    margin:5px;
    width:100px;
    height:30px;
    display:inline;                    /* 行内显示 */
}

span {
    border:3px dashed black;
    margin:5px;
    display:block;                     /* 块状显示 */
}
```

修改后页面的显示效果如图 5.3 所示。

div 行内显示，从左至右排列，
宽度与高度设置无效

span 标签块状显示，默认宽度
为 100%，占满一行

图 5.3　添加 display 属性后的效果图

在样式中添加 display 属性值 none，并运用于第二个 div 与第二个 span，代码如下：

```html
<!DOCTYPE html>
<html lang="zh_cn">

    <head>
        <meta charset="UTF-8">
        <meta name="viewport" content="width=device-width, initial-scale=1.0">
        <title>display 属性</title>
        <style type="text/css">
            body {
                font-size: 16px;
            }

            div {
                border: 3px solid black;
                /* 黑色实线边框 */
                margin: 5px;
                width: 100px;
                /* 宽度为 100px*/
                height: 30px;
                /* 高度为 30px*/
                /* 行内显示 */
                display: inline;
            }

            span {
                border: 3px dashed black;
                /* 黑色虚线边框 */
                margin: 5px;
                display: block;
                /* 块状显示 */
            }

            .none {
                display: none;
                /* 不在页面中显示 */
            }
        </style>
    </head>

    <body>
        <div>Box1</div>
        <div class="none">Box2</div>
        <div>Box3</div>
```

```
        <span>content1</span><span class="none">content2</span><span>
content3</span>
    </body>

</html>
```

上述代码在浏览器中的显示效果如图 5.4 所示。

图 5.4　display 属性值为 none 的效果图

通过以上示例可以看出 block 和 inline 的区别，block 就是使其成为块级元素，占一整行空间，与其他元素上下排列；而 inline 是让元素设置为内联样式（对其设置的宽高都没有用，不产生效果），与其他元素可以在同一行，从左到右排列。

除了 block 和 inline 取值外，display 属性还可以取值 inline-block，这是两者的综合，即行内块，这样的元素可以与其他元素显示在同一行，并且还可以设置其宽度和高度，非常方便。

✏️【示例 5.2】行内块 inline-block 属性值的使用

使用 display 属性将 div 和 span 元素都设置为 inline-block 取值，效果如图 5.5 所示。

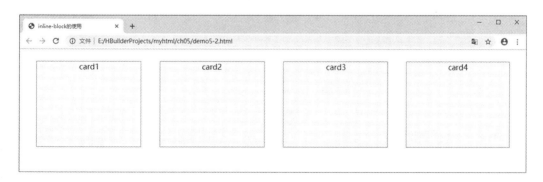

图 5.5　inline-block 取值的效果图

实现的代码如下：

```
<!DOCTYPE html>
<html lang="en">

    <head>
        <meta charset="UTF-8">
        <meta name="viewport" content="width=device-width, initial-scale=1.0">
        <title>inline-block 的使用</title>
        <style type="text/css">
            .card {
                display: inline-block;
                width: 250px;
                height: 200px;
                margin: 20px 20px;
                text-align: center;
                font-size: large;
                background-color: yellow;
                border: 1px solid red;
            }

            .container {
                text-align: center;
            }
        </style>
    </head>

    <body>
        <div class="container">
            <div class="card">card1</div>
            <span class="card">card2</span>
            <span class="card">card3</span>
            <div class="card">card4</div>
        </div>
    </body>

</html>
```

5.1.2　盒子的定位

盒子的定位是页面布局中一个非常重要的概念，广义的"定位"是指将某个元素放置于某个位置，该动作称为定位操作，可以使用 CSS 规则或使用表格等传统的布局方式来实现。狭义的"定位"是指 CSS 中的一个非常重要的属性 position，此单词的中文意思也是定位，它是

CSS 布局的核心，然而要使用 CSS 进行定位操作并不能仅通过该属性来实现。在 CSS 布局中，position 属性有以下几种取值：

（1）static：静态定位，它是默认的属性值，取该值的元素按照标准文档流进行布局排列。

（2）relative：相对定位，使用相对定位的元素以标准文档流为基础，元素可以在它原来的位置上进行偏移，该元素的偏移是显示上的偏移，但在文档流中的位置不会变化。

（3）absolute：绝对定位，绝对定位的元素会脱离标准文档流，对其后的其他元素没有影响，它可以以页面左上角为基准，定位至页面的任何地方。

（4）fixed：固定定位，它与绝对定位类似，只是其以浏览器窗口为基准进行定位，即当拖动浏览器窗口的滚动条时，它依然保持位置不变。

上述对 position 属性的不同取值所带来的效果介绍较为抽象，下面结合实例进行逐一说明。

1. 静态定位（static）

当 position 的取值为 static 时，为静态定位。该取值也是 position 的默认值，即当没有设置元素的 position 属性时，默认就是静态定位，使用静态定位的标签将按照标准文档流的组织方式在页面中排列，使用效果参考 5.1.1 节中的标准文档流。

2. 相对定位（relative）

当 position 属性设置为 relative 时，即相对定位。设置为相对定位的元素按照标准文档流的规则在网页中排列，但是相对定位的元素可以设置其 left、right、top 和 bottom 属性进行偏移，偏移时参照该元素在标准文档流中的原位置，偏移后仅在显示上出现了坐标变化，但其在标准文档流中的位置没有发生任何变化。下面通过案例讲解相对定位的使用，首先设置一段初始代码如下：

```
<!DOCTYPE html>
<html lang="en">

    <head>
        <meta charset="UTF-8">
        <meta name="viewport" content="width=device-width, initial-scale=1.0">
        <title>display 属性</title>
        <style type="text/css">
            body {
                font-size: 16px;
            }

            #wrapper {
                border: 3px solid red;
            }

            #box1,
            #box2,
```

```
        #box3 {
          border: 3px solid black;
        margin: 5px;
        height: 40px;
        width: 300px;
        }

        #box1 {
        background-color: #ffd800;
        }

        #box2 {
        background-color: #00f00f;
        }

        #box3 {
        background-color: #ffff00;
        }
    </style>
    </head>

<body>
    <div id="wrapper">
        <div id="box1">第一个层</div>
        <div id="box2">第二个层</div>
        <div id="box3">第三个层</div>
    </div>
</body>

</html>
```

在初始代码中添加一个包含3个div的层，并对各层进行修饰，加以区分。显示效果如图5.6所示。

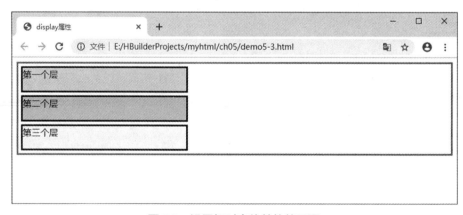

图 5.6　设置相对定位前的效果图

在代码中为第二个层添加 position 属性值，将其设置为 relative，并设置其 left 为 50 px、top 为 −25 px，修改代码如下：

```
#box2 {
    background-color:#00f00f;
    position:relative;
    left:50px;                    /* 向右移动 50 px*/
    top:-25px;                    /* 向上移动 25 px*/
}
```

修改后页面在浏览器中的显示效果如图 5.7 所示。

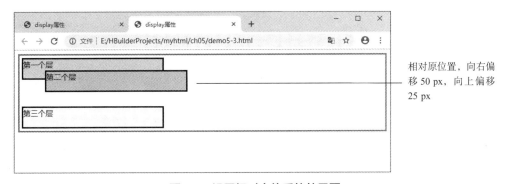

图 5.7　设置相对定位后的效果图

修改代码后可以看出，第二个层处于相对定位，在原来的位置上向上偏移了 25 px、向右偏移了 50 px，虽然它显示的位置变化了，但是它在标准文档流中的原位置依然保留，遵守标准文档流的规范，不影响其他元素原来的排列。

3. 绝对定位（absolute）

当 position 的取值设置为 absolute 时，代表绝对定位，绝对定位的元素将脱离标准文档流，不受标准文档流的限制，元素可以通过设置 left、right、top 和 bottom 属性并以页面为参照进行偏移，绝对定位的元素在标准文档流中不占用其空间，不影响标准文档流中的元素，看似悬浮于页面之上，如果多个绝对元素出现了重叠，则可以通过设置 z-index 属性修改它们显示的层次关系，z-index 取值大的层会压住 z-index 取值小的层。下面通过示例讲解绝对定位的使用，首先设置一段初始代码如下：

```
<head>
    <title>绝对定位</title>
    <style type="text/css">
        body {
            font-size:16px;
        }
        #wrapper {
```

```
            border:3px solid red;
            margin-top:100px;                /* 上边距为 100 px*/

        }
        #box1,#box2,#box3{
          border:3px solid black;
          margin:5px;
          height:40px;
          width:300px;
        }
        #box1 {
          background-color:#ffd800;
        }
        #box2 {
          background-color:#00f00f;
        }
        #box3 {
          background-color:#ffff00;
        }
    </style>
</head>
<body>
    <div id="wrapper">
        <div id="box1">第一个层 </div>
        <div id="box2">第二个层 </div>
        <div id="box3">第三个层 </div>
    </div>
</body>
```

初始代码在浏览器中的显示效果如图 5.8 所示。

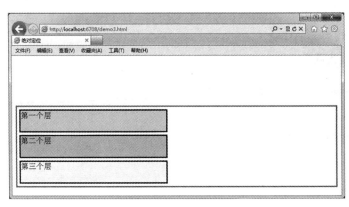

图 5.8　设置绝对定位之前的页面

将第二个层的 position 属性修改为 absolute，并设置其 left 为 100 px、top 为 30 px。代码如下：

```
#box2 {
    background-color:#00f00f;
    position:absolute;
    left:100px;
    top:30px;
}
```

代码修改后，在浏览器中的显示效果如图 5.9 所示。

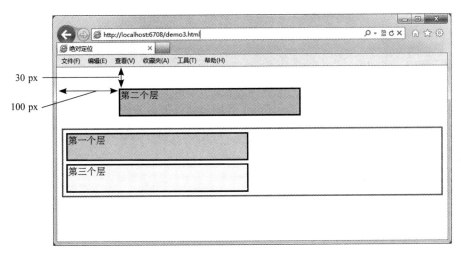

图 5.9　绝对定位之后的效果

在图 5.9 中可以看到，当第二个层设置为绝对定位后，它脱离了标准文档流，可以定位到页面的任何地方，它在标准文档流中原有的位置将会空置出来，所以第三个层会排列在第一个层后面。

需要注意的是，第二个层是绝对定位，设置 left 和 top 时默认以 body 为参照物，如果将其容器（id 的为 wrapper 的层）的定位方式设置为 relative，则第二个层的 top 和 left 会以 id 为 wrapper 的层为参照进行移动，作为参照的层称为包含块。

对以上代码进行如下修改：

```
#wrapper {
    border:3px solid red;
    margin-top:100px;
    position:relative;
}
```

其显示效果如图 5.10 所示。

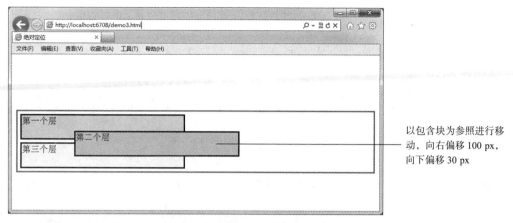

以包含块为参照进行移
动，向右偏移 100 px，
向下偏移 30 px

图 5.10　以包含块为参照物的效果

4. 固定定位（fixed）

当 position 取值为 fixed 时，即为固定定位，固定定位与绝对定位类似，均会脱离标准文档流，区别在于定位的参照不同，固定定位参照浏览器窗口或其他显示设备的窗口，当用户拖动浏览器窗口的滚动条时，固定定位的元素将保持相对于浏览器窗口不变的位置。

【示例 5.3】固定定位的使用

```
<!DOCTYPE html>
<p lang="en">

    <head>
        <meta charset="UTF-8">
        <meta name="viewport" content="width=device-width, initial-scale=1.0">
        <title> 绝对定位 </title>
        <style type="text/css">
            body {
                font-size: 16px;
            }

            #wrapper {
                border: 3px solid red;
                width: 400px;
                height: 800px;
                background-color: white;
            }

            /* 固定定位的层 */
            #box {
                background-color: #ccc;
```

```
            position: fixed;
            /* 固定定位 */
            left: 100px;
            top: 30px;
            width: 70px;
            height: 80px;
        }
    </style>
</head>

<body>
    <div id="wrapper">
        <p> 昔人已乘黄鹤去，此地空余黄鹤楼 </p>
        <p> 黄鹤一去不复返，白云千载空悠悠 </p>
        <p> 晴川历历汉阳树，芳草萋萋鹦鹉洲 </p>
        <p> 日暮乡关何处是，烟波江上使人愁 </p>
    </div>
    <div id="box"> 固定的层 </div>
</body>

</p>
```

示例 5.3 在浏览器中的初始效果如图 5.11 所示。

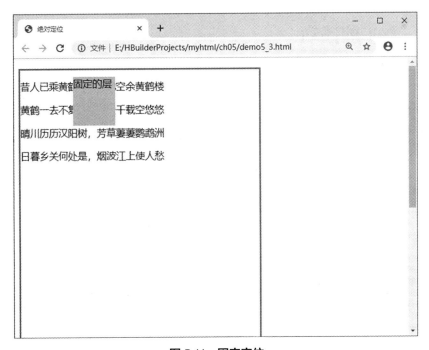

图 5.11　固定定位

向下拖动滚动条时，固定的层在窗口中的位置是不会发生变化的，效果如图 5.12 所示。

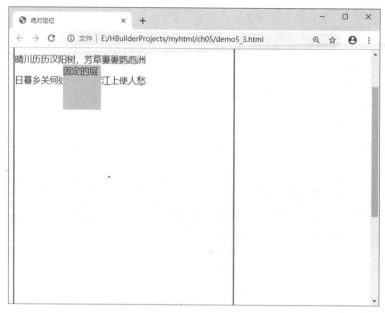

图 5.12　相对于窗口的位置没有发生变化

注意：绝对定位以页面为参照，拖动滚动条时，绝对定位的元素会随页面的移动而移动。固定定位以浏览器窗口为参照，拖动滚动条时，固定定位的元素会相对于浏览器窗口保持位置不变。

5.2　盒子的浮动

5.2.1　float 属性

在前面的布局中，已经了解到块级元素默认会占整行空间，不管如何设置宽度和高度属性，也不能改变块级元素的这个特性。在标准文档流的布局中，如果想让块级元素在一行上从左至右并列排放，则可以设置 display 属性的值为 inline，inline 属性值可以将块级标签设置为行内显示，这样块级标签便可在同一行显示，但是块级标签的 display 属性设置为 inline 后，块级元素就不能通过设置宽度和高度来改变元素的大小，其宽度和高度均由其内容实际大小来决定。

如何将多个块级元素排列到同一行，并且还能设置其宽度与高度呢？在 HTML 中，除了可以通过 inline-block 属性外，还可以通过 float 属性将块级元素向左或向右浮动，直到它的外边缘碰到包含它的元素或另一个浮动元素的边框为止。多个浮动的元素可以显示在同一行内，浮动元素会脱离标准文档流，不占标准文档流中的位置。

盒子的浮动实际是通过设置元素的 float 属性完成的，其属性取值主要有 none、left 和 right。当 float 取值为 none 时表示不浮动，这时元素会按照默认的标准文档流的方式来处理；当 float 取值为 left 时表示向左浮动，这时元素会脱离标准文档流，不占文档流中的位置空间；当

float 取值为 right 时表示向右浮动，这时元素也会脱离标准文档流。

使用浮动一则可用于实现传统出版物上的文字绕排图片的效果，二则可以使原来上下堆叠的块级元素变成左右并列或布局中的分栏。

✎【示例 5.4】使用 float 实现文字绕排图片

```
<!DOCTYPE html>
<html lang="en">

    <head>
        <meta charset="UTF-8">
        <meta name="viewport" content="width=device-width, initial-scale=1.0">
        <title>盒子的浮动</title>
        <style type="text/css">
         #wrapper {
           width: 600px;
           margin: 0 auto;
           /*居中*/
         }

         #photo {
           float: left;
         }

         #info {
           border: 2px dashed red;
         }
        </style>
    </head>

    <body>
        <div id="wrapper">
            <img src="images/html5.jpg" id="photo" />
                <div id="info">
```

HTML5 是构建 Web 内容的一种语言描述方式。HTML5 是互联网的下一代标准，是构建以及呈现互联网内容的一种语言方式，被认为是互联网的核心技术之一。HTML 产生于 1990 年，1997 年 HTML4 成为互联网标准，并广泛应用于互联网应用的开发。HTML5 是 Web 中核心语言 HTML 的规范，用户使用任何手段进行网页浏览时看到的内容原本都是 HTML 格式的，在浏览器中通过一些技术处理将其转换成为了可识别的信息。HTML5 在从前 HTML4.01 的基础上进行了一定的改进，虽然技术人员在开发过程中可能不会将这些新技术投入应用，但是对于该种技术的新特性，网站开发技术人员是必须要有所了解的。

```
        </div>
      </div>
   </body>

</html>
```

示例 5.4 在浏览器中的显示效果如图 5.13 所示。

图 5.13　文字围绕图片的效果

在图 5.13 中，由于图片向左浮动脱离了标准文档流，在文档流中不占空间，图片后面的层不再认为浮动元素在文档流中位于它前面，因而会占据其父元素左上角的位置，而图片在显示时盖住了其后面的边框为虚线的层，但不遮盖层中的文字，层中的内容（文字）会绕开浮动的图片，因此就形成了文字围绕图片的效果。

使用 float 实现分栏布局在页面布局中应用广泛。使用 float 最重要的作用是实现分栏布局，下面通过示例研究 float 实现布局的用法。首先设置页面初始代码如下：

```
<!DOCTYPE html>
<html lang="en">

   <head>
      <meta charset="UTF-8">
```

```html
<meta name="viewport" content="width=device-width, initial-scale=1.0">
<title> 盒子的浮动 </title>
<style type="text/css">
    #wrapper {
    border: 2px solid black;
    margin: 0 auto;
    /* 居中 */
    }

    #box1,
    #box2,
    #box3 {
      border: 2px dashed red;
      width: 80px;
      height: 80px;
      margin: 5px;
    }

    #box2 {
      background-color: yellow;
      /* 背景为黄色 */
      width: 100px;
      /* 宽为 100px*/
      height: 100px;
      /* 高为 100px*/
    }
    </style>

</head>

<body>
    <div id="wrapper">
       <div id="box1">BOX-1</div>
       <div id="box2">BOX-2</div>
       <div id="box3">BOX-3</div>
    </div>
</body>

</html>
```

初始代码在浏览器中的显示效果如图 5.14 所示。

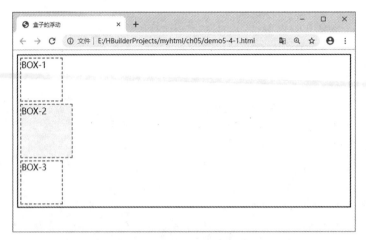

图 5.14　页面的初始效果

（1）将 BOX-1 向右浮动，在 style 中添加如下代码：

```
#box1 {
    float:right;                    /* 右浮动 */
}
```

BOX-1 向右浮动后会脱离标准文档流，在文档流中不占空间，其后面的元素 BOX-2 会往上移动，而 BOX-1 向右浮动后停靠在父容器的右边，效果如图 5.15 所示。

图 5.15　BOX-1 向右浮动

（2）将 BOX-1 修改为向左浮动，并添加浅绿色背景，代码如下：

```
#box1 {
    float:left;                     /* 左浮动 */
    background-color:#b6ff00;  /* 浅绿色 */
}
```

BOX-1 向左浮动后，也会脱离标准文档流，不占文档流中的空间，其后面的元素 BOX-2 会移动至最前面。由于 BOX-1 向左浮动后，停靠在父容器的左边，盖住了 BOX-2 的一部分，BOX-2 中的文字会围绕在盖住部分的旁边显示，效果如图 5.16 所示。

图 5.16　BOX-1 左浮动的效果

（3）将 BOX-1、BOX-2 和 BOX-3 都向左浮动，代码如下：

```
#wrapper {
    border:2px solid black;
    margin:0 auto;                   /* 居中 */
    padding:2px;                     /* 上下左右的填充为 2 px*/
}
/* 同时设置 ID 为 box1、box2 和 box3 的样式 */
#box1, #box2, #box3 {
    border:2px dashed red;
    width:80px;
    height:80px;
    margin:5px;                      /* 上下左右的外间距为 5 px*/
    float:left;                      /* 左浮动 */
}
```

代码运行后在浏览器中的显示效果如图 5.17 所示，在图中可以观察到三个浮动层的父元素的高度变为了 0 px，中间的间隙为填充的像素。因为浮动层脱离标准文档流，在文档流的空间中不占大小，而父容器没有设置高度，高度会随内容而变化，该容器中的内容为三个浮动的层且不占空间，所以父容器的高度就变为了 0，这种现象称为浮动塌陷。

父容器的层没有设置宽度，默认为 100%，填充整个 body 的宽度，当缩小浏览器的宽度直至不能容纳 3 个浮动层时，层会下移并往左边停靠，如图 5.18 所示。

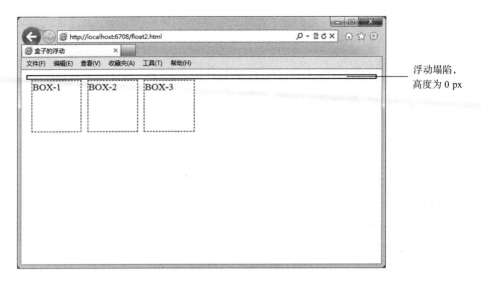

图 5.17　wrapper 中的所有层向左浮动

如果 BOX-1 的高度比 BOX-2 高一点，则 BOX-3 下移往左浮动时就会卡住，如设置 #box1{height:100px;}，效果如图 5.19 所示。

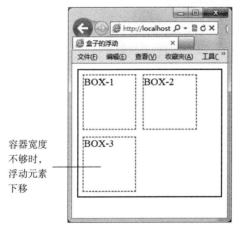

图 5.18　浮动层下移　　　图 5.19　层浮动时被卡住

如果设置容器层为固定宽度且能容下三个浮动层，即使缩小浏览器的窗口宽度，也不会导致浮动层下移，如设置 #wrapper{width:500px;}，效果如图 5.20 所示。

缩小窗口也不会导致层下移，效果如图 5.21 所示。

（4）处理浮动塌陷。经过以上的实验，发现浮动可以使多个块级元素停靠到同一行，如果一个元素的高度为自适应且该元素内的所有子元素均为浮动元素，此时会出现浮动塌陷，导致元素的高度变为 0。在 HTML 中，可以通过 clear 属性清除浮动，clear 属性可以取 left、right、both 和 none 值，left 用于清除左边浮动、right 用于清除右边浮动、both 用于清除两边的浮动、none 不清除浮动。下面在三个浮动标签后面添加一个 div 标签，并为其添加 clear 为 left 或 both 的属性值，此时便解决了浮动塌陷的问题，代码如下：

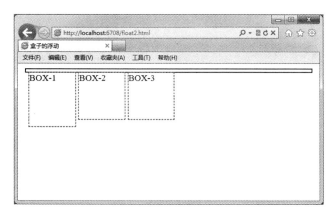

图 5.20　容器为固定宽度

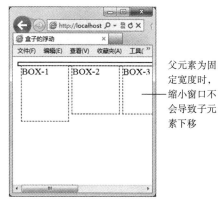

图 5.21　容器固定宽度时缩小窗口宽度

父元素为固定宽度时，缩小窗口不会导致子元素下移

```
<!DOCTYPE html>
<html lang="en">

    <head>
        <meta charset="UTF-8">
        <meta name="viewport" content="width=device-width, initial-scale=1.0">
        <title> 盒子的浮动 </title>
        <style type="text/css">
            /*ID 为 wrapper 的高度为自适应 */
            #wrapper {
            border: 2px solid black;
            margin: 0 auto;
            /* 居中 */
            padding: 2px;
            /* 上下左右的填充为 2 px*/
            }

            /* 同时设置 ID 为 box1、box2 和 box3 的样式 */
            #box1,
            #box2,
            #box3 {
            border: 2px dashed red;
            width: 80px;
            height: 80px;
            margin: 2px;
            /* 上下左右的外间距为 2 px*/
            float: left;
            /* 左浮动 */
            }
```

```
        #box1 {
          height: 92px;
        }
        .clear {
          clear: both;
        }
    </style>
  </head>

<body>
    <div id="wrapper">
       <div id="box1">BOX-1</div>
       <div id="box2">BOX-2</div>
       <div id="box3">BOX-3</div>
       <div class="clear"></div>
    </div>
  </body>

</html>
```

清除浮动塌陷后的效果如图 5.22 所示。

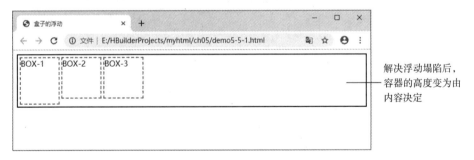

解决浮动塌陷后，容器的高度变为由内容决定

图 5.22　清除浮动塌陷后的效果图

使用 clear 清除浮动并不是将设置浮动的元素还原，清除浮动是清除其他浮动元素对设置 clear 元素造成的影响。例如，清除左边浮动，即左边不能存在浮动的元素，如果左边有浮动元素，则该元素换行显示。

清除浮动还有其他方式：

（1）使用了伪元素。好处是没有使用 HTML 标签，避免增加无意义的标签，推荐使用。代码如下：

```
.div_one::after,.div_one::before{
    /* 设置添加的子元素的内容为空 */
```

```
    content: "";
    /* 设置添加的子元素为块级元素 */
    display: block;
    /* 设置添加的子元素的高度为 0*/
    height: 0;
    /* 设置添加的子元素看不见 */
    visibility: hidden;
    /* 给添加的子元素设置 clear: both;*/
    clear: both;
}
```

（2）给浮动元素的父元素添加 overflow 属性，使用 overfllow:hidden。其优点是比较简洁，但是 overflow: hidden 也存在别的属性功能，它会把超出的部分隐藏。

```
.div_parent{
    overflow: hidden;
}
```

5.2.2　inline-block 与浮动的区别

浮动和 display 取值为 inline-block 都可以让块级元素排在一行，实现多栏或多列的布局，那么它们各有什么特点呢？它们的特点如下：

（1）display:inline-block 可以让元素排在一行并且支持宽度和高度，代码实现起来方便，添加该属性的元素在标准文档流中不需要清除浮动。

（2）浮动可以让元素排在一行并支持宽度和高度，还可以决定排列方向。

（3）display:inline-block 的位置方向不可控制，会解析空格。在 IE6、IE7 上不被支持。

（4）浮动元素会脱离标准文档流，会对周围元素产生影响，所以必须在其父元素上添加清除浮动的样式。

在使用这两种方式实现多列布局时，它们各有优势和不足，在使用时根据需求选择。

5.3　页面整体布局

5.3.1　页面布局概述

之前使用表格布局时，在设计的开始阶段，就要确定页面的布局形式，页面的结构一旦通过表格确定就无法再进行更改和变化，因此存在灵活度差与难维护的缺陷。使用 CSS 布局则完全不同，它首先将页面在整体上用 <div> 标签来分块，然后对各块进行排列，最后在各块中添加相应的内容。使用 CSS 布局先从页面的内容组织逻辑出发，区分出内容的层次结构与区域，这样即使是一个很复杂的网页，也可以通过一个个模块逐步搭建起来，如北京大学的首页，整体就可以通过 1-2-1 结构的 DIV 来搭建组成，如图 5.23 所示。

图 5.23　北京大学首页

斯坦福大学的主页与结构如图 5.24 所示。

页面整体布局完成后，页面的逻辑结构就出现了，之后便是在不同的区块中添加内容，添加内容前可以进行局部布局。局部布局和整体布局类似，只是比整体布局更加细化，如菜单的布局形式、图文混合的布局形式等。

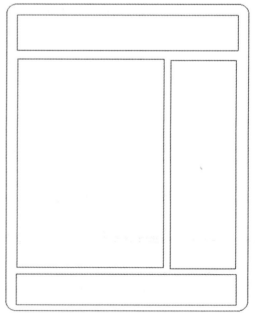

图 5.24　斯坦福大学的首页与结构图

5.3.2 布局案例分析

通过前面的学习，理解了布局的基本知识与重要性，下面通过具体案例实现常用的 1–2–1 类型的布局，1–2–1 类型的布局如图 5.25 所示。

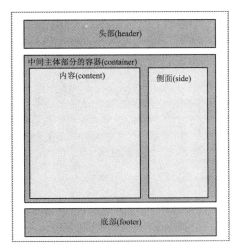

图 5.25 1–2–1 类型的布局

1–2–1 类型的布局的具体步骤如下：

（1）横向划分页面。在页面中添加一个包裹层包裹所有内容，然后将页面分为顶部（header）、主体（main）和底部（footer）三大块。在页面中通过 DIV 来分块，并使用 ID 标识。代码如下：

```
<!DOCTYPE html>
<html lang="en">

    <head>
        <meta charset="UTF-8">
        <meta name="viewport" content="width=device-width, initial-scale=1.0">
        <title> 页面整体布局 </title>
    </head>

    <body>
        <div id="wrapper">
            <div id="header"> 头部 </div>
            <div id="main"> 主体部分 </div>
            <div id="footer"> 底部 </div>
        </div>
    </body>

</html>
```

（2）添加 CSS，对 DIV 进行布局修饰。为顶部、主体部分和底部添加宽度和高度，并使其居中显示。CSS 代码如下：

```css
/* 去掉所有标签默认的外边距与内边距 */
* {
    margin:0px;
    padding:0px;
}
#header, #main, #footer {
    border:1px solid black;              /* 显示层的外框 */
    margin:0px auto;                     /* 居中 */
    width:980px;                         /* 宽度统一为 980 px*/
}
#header {
    height:136px;                        /* 顶部的高度 136 px*/
}
#main {
    height:400px;                        /* 主体部分的高度 400 px*/
}
#footer {
    height:100px;                        /* 底部的高度 100 px*/
}
```

添加 CSS 后的效果如图 5.26 所示。

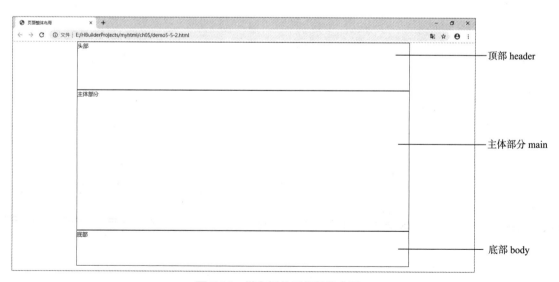

图 5.26　纵向划分后的整体布局

　　注意： 元素在页面中的宽度 = 内容宽度 + 填充宽度 + 边框宽度，所以 header、main 和 footer 在页面中所占的宽度为 980 px+0 px+2 px=982 px。

（3）在主体部分中添加内容（content）与侧边（side）的区块。在 id 为 main 的层中添加两个层 content 和 side。代码如下：

```
<div id="wrapper">
    <div id="header"></div>
    <div id="main">
        <div id="content"></div>
        <div id="side"></div>
    </div>
    <div id="footer"></div>
</div>
```

设置 main 的高度为自适应（采用默认），此时 main 的高度由其内容决定，设置 content 和 side 的高度与宽度后，main 也具有高度。添加 CSS 代码如下：

```
#main {
    height:auto;                   /* 高度自适应 */
}
/* 内容部分样式 */
#content {
    width:580px;
    background-color:#ffd800;
    height:100px;
}
/* 侧边部分样式 */
#side {
    width:400px;
    background-color:#b6ff00;
    height:100px;
}
```

添加 CSS 修饰后，页面的效果如图 5.27 所示。

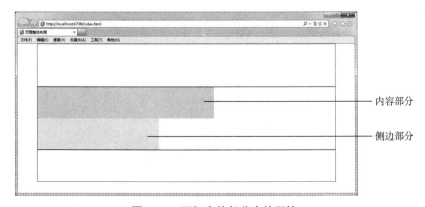

图 5.27　添加主体部分内的区块

　　由于 content 和 side 均为 div 标签（块级元素），在页面中占整行空间，要将 content 和 side 在同一行中显示，可以设置 float 属性将这两个 div 元素向左浮动。添加 CSS 代码如下：

```
#content {
    width:580px;
    background-color:#ffd800;
    height:100px;
    float:left;                     /* 左边浮动 */
}
#side {
    width:400px;
    background-color:#b6ff00;
    height:100px;
    float:left;                     /* 左边浮动 */
}
```

　　浮动后 content 和 side 便显示于同一行之上，但是主体部分中的 content 和 side 向左浮动后脱离了标准文档流，不占空间，main 的高度也就为 0，产生了浮动塌陷，content 和 side 覆盖在了 footer 层上，效果如图 5.28 所示。

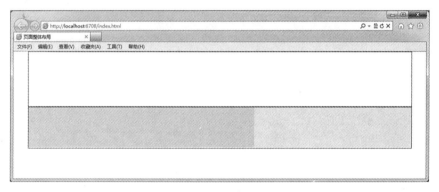

图 5.28　浮动塌陷

　　为了解决浮动塌陷的问题，在 main 层最后添加一个空 div，并设置清除浮动属性。代码如下：

```
<div id="wrapper">
    <div id="header"></div>
    <div id="main">
        <div id="content"></div>
        <div id="side"></div>
        <div style="clear:both"></div>
    </div>
    <div id="footer"></div>
</div>
```

设置清除浮动后，内容主体部分中的 2 列 content 与 side 布局完毕，在浏览器中的效果如图 5.29 所示。

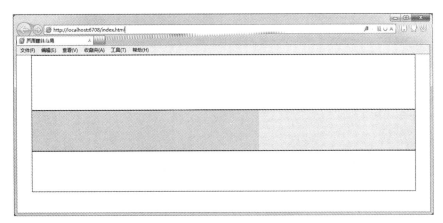

图 5.29　清除浮动后的整体效果

整体布局完成后，即可在各区块中进行局部布局，在区块中添加各种标签和内容，完成整个页面的制作。

在 HTML5 中支持使用标签元素进行布局，如表 5.1 所示。

表 5.1　HTML5 的网页布局元素

元 素 名	描　　述
header	标题头部区域的内容（用于页面或页面中的一块区域）
footer	标记脚部区域的内容（用于整个页面或页面的一块区域）
section	Web 页面中的一块独立区域
article	独立的文章内容
aside	相关内容或应用（常用于侧边栏）
nav	导航类辅助内容

这些布局元素都是块级元素，需要结合布局样式一起使用，如果没有修饰就会从上到下依次排列。例如以下代码：

```
<!DOCTYPE html>
<html>

    <head>
        <meta charset="UTF-8">
        <meta name="viewport" content="width=device-width, initial-scale=1.0">
        <title>Document</title>
        <style type="text/css">
```

```
        header,section,footer{
            border: 1px solid red;
            height: 100px;
        }
        nav{
            border: 1px solid blue;
        }
        </style>
    </head>

    <body>
        <header>
            <h2> 网页头部 </h2>
            <nav> 导航 </nav>
        </header>
        <section>
            <h2> 网页主体部分 </h2>
        </section>
        <footer>
            <h2> 网页底部 </h2>
        </footer>
    </body>
</html>
```

网页显示效果如图 5.30 所示。

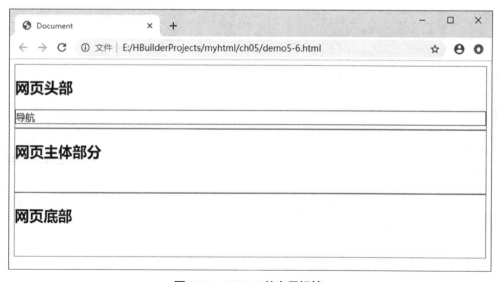

图 5.30 HTML5 的布局标签

实践任务

任务 1　页面整体布局

【需求说明】

使用 DIV+CSS 实现 1-3-1 类型页面布局，效果如图 5.31 所示。

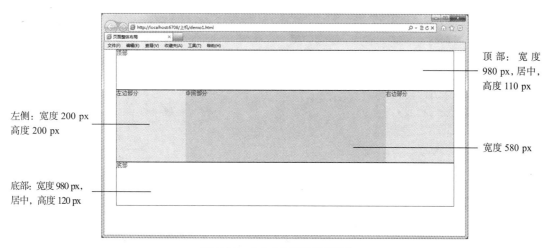

图 5.31　1-3-1 类型页面布局

【实现思路】

（1）在页面中添加 div 标签实现分块。

（2）设置 DIV 的宽度和高度等样式。

（3）通过 CSS 实现 3 个 div 向左浮动显示在同一行。

（4）清除浮动。

【参考代码】

布局代码：

```
<body>
    <div id="wrapper">
        <div id="header">顶部 </div>
        <div id="main">
            <div id="leftside">左边部分 </div>
            <div id="content">中间部分 </div>
            <div id="rightside">右边部分 </div>
            <div class="clear"></div>
        </div>
        <div id="footer">底部 </div>
    </div>
</body>
```

样式代码：

```
<style type="text/css">
    /* 去掉所有标签默认的外边距与内边距 */
    * {
        margin:0px;
        padding:0px;
    }
    #header, #main, #footer {
        border:1px solid black;            /* 显示层的外框 */
        margin:0px auto;                   /* 居中 */
        width:980px;                       /* 宽度统一为 980 px*/
    }
    #header {
        height:110px;                      /* 顶部的高度 110 px*/
    }
    #main {
        /* height:400px; 主体部分的高度 400 px*/
        height:auto;
    }
    #footer {
        height:120px;                      /* 底部的高度 120 px*/
    }
    /**/
    #content {
        width:580px;
        background-color:#ffd800;
        height:200px;
        float:left;                        /* 向左浮动 */
    }
    #leftside,#rightside {
        width:200px;
        background-color:#b6ff00;
        height:200px;
        float:left;                        /* 向左浮动 */
    }
    /* 清除浮动的类样式 */
    .clear {
        clear:both;
    }
</style>
```

任务 2　菜单布局

【需求说明】

使用 ul+li 标签实现菜单，使用 css 对菜单进行布局与修饰，实现后的效果如图 5.32 所示。

图 5.32　阿里巴巴导航菜单

【实现思路】

（1）在页面中添加 html 标签，在 div 标签中添加 ul+li 来实现菜单。

```
<div id="menu">
    <ul>
        <li><a href="#">首页 </a></li>
        <li><a href="#">产业带 </a></li>
        <li><a href="#">样品中心 </a></li>
        <li><a href="#">加工定制 </a></li>
        <li><a href="#">代理加盟 </a></li>
        <li><a href="#">公司黄页 </a></li>
    </ul>
</div>
```

（2）设置 menu 层居中显示，并进行美化修饰。

```
/* 设置 menu 层的样式和背景 */
#menu {
    height: 41px;
    width: 990px;
    margin: 0px auto; /* 居中 */
}
```

（3）在 CSS 中，清空 ul 和 li 中的默认样式。

```
/* 清空 ul 和 li 中的默认样式 */
ul, li {
    margin: 0px;
    padding: 0px;
    border: 0px;
}
```

（4）设置菜单的背景。

```
/* 设定菜单的背景 */
#menu ul {
    height: 41px;
    background-color: #ff6a00;
}
```

（5）设置菜单项浮动，并设置没有项的样式。

```
/* 设置菜单项的样式 */
#menu ul li {
    list-style-type: none;          /* 不设置项目符号 */
    float: left;                    /* 左浮动 */
    height: 41px;
    line-height: 41px;              /* 行高 41 px，目的是使文字垂直居中 */
    width: 65px;                    /* 宽度 65 px*/
    text-align: center;             /* 居中 */
    margin: 0px 5px;                /* 左右外间距为 5 px*/
}
```

（6）设置超链接的样式。

```
/* 设置菜单项中超链接的样式 */
#menu li a {
    color: #fff;                    /* 白色字体 */
    font-size: 14px;                /* 字体大小 */
    font-weight: bold;
    text-decoration: none;          /* 无下画线 */
}
```

【参考代码】

```
<!DOCTYPE html>
<html lang="en">

    <head>
        <meta charset="UTF-8">
        <meta name="viewport" content="width=device-width, initial-scale=1.0">
<title>阿里巴巴菜单</title>
        <style type="text/css">
        /* 清空 ul 和 li 中的默认样式 */
        ul, li {
```

```
            margin: 0px;
            padding: 0px;
            border: 0px;
        }
        /* 设置 menu 层的样式和背景 */
        #menu {
            height: 41px;
            width: 990px;
            border: 1px solid blue;
            margin: 0px auto;
        }

        /* 设定菜单的背景 */
        #menu ul {
            height: 41px;
            background-color: #ff6a00;
        }
        /* 设置菜单项的样式 */
        #menu ul li {
            list-style-type: none;          /* 不设置项目符号 */
            float: left;                     /* 左浮动 */
            height: 41px;
            line-height: 41px;               /* 行高 41 px，目的是使文字垂直居中 */
            width: 65px;                     /* 宽度 65 px*/
            text-align: center;              /* 居中 */
            margin: 0px 5px;                 /* 左右外间距为 5 px*/
        }

        /* 设置菜单项中超链接的样式 */
        #menu li a {
            color: #fff;                     /* 白色字体 */
            font-size: 14px;                 /* 字体大小 */
            font-weight: bold;
            text-decoration: none;           /* 无下画线 */
        }
    </style>
</head>
<body>
    <div id="menu">
        <ul>
            <li><a href="#"> 首页 </a></li>
            <li><a href="#"> 产业带 </a></li>
            <li><a href="#"> 样品中心 </a></li>
            <li><a href="#"> 加工定制 </a></li>
            <li><a href="#"> 代理加盟 </a></li>
```

```
                <li><a href="#">公司黄页 </a></li>
            </ul>
        </div>
    </body>
</html>
```

任务 3　清华大学首页菜单

【需求说明】

结合阶段 1 的上机部分，在清华大学首页布局页面的菜单区域添加菜单项，实现图 5.33 所示的效果。菜单采用 ul+li 实现，使用 css 对菜单进行修饰。

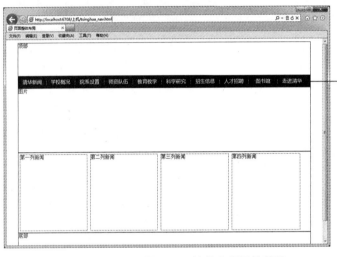

菜单高度 36 px，背景颜色 #2f0940，每个导航项的宽度为 94 px，后面有一个竖线的图片

图 5.33　清华大学导航菜单

【实现思路】

（1）使用 ul+li 标签组织菜单内容。

（2）使用 CSS 样式进行布局与修饰。

【参考代码】

HTML 的参考代码：

```
<divid="menu">
    <ul>
        <liclass="nav"><ahref="#">清华新闻 </a></li>
        <liclass="line"></li>
        <liclass="nav"><ahref="#">学校概况 </a></li>
        <liclass="line"></li>
        <liclass="nav"><ahref="#">院系设置 </a></li>
        <liclass="line"></li>
        <liclass="nav"><ahref="#"> 师资队伍 </a></li>
```

```
        <liclass="line"></li>
        <liclass="nav"><ahref="#">教育教学 </a></li>
        <liclass="line"></li>
        <liclass="nav"><ahref="#">科学研究 </a></li>
        <liclass="line"></li>
        <liclass="nav"><ahref="#">招生信息 </a></li>
        <liclass="line"></li>
        <liclass="nav"><ahref="#">人才招聘 </a></li>
        <liclass="line"></li>
        <liclass="nav"><ahref="#">图书馆 </a></li>
        <liclass="line"></li>
        <liclass="nav"><ahref="#">走进清华 </a></li>
    </ul>
</div>
```

样式参考代码：

```
/* 导航菜单 */
ul,li {
    /* 清除默认样式 */
    margin:0px;
    padding:0px;
    border:0px;
    list-style-type:none;
}

/* 设置菜单背景 */
#menu ul {
    background-color:#2f0940;
    height:36px;
}

/* 菜单项浮动 */
#menu ul li {
    float:left;
    line-height:36px;
}

/* 设置菜单项后面的竖线图片 */
#menu.line {
    background-image:url(images/nav_line.png);
    background-repeat:no-repeat;
```

```
    height:36px;
    width:1px;
}

/* 设置菜单导航项的样式 */
#menu.nav {
    width:94px;
    height:36px;
    text-align:center;
}

/* 设置超链接样式 */
#menu ul li a {
    text-decoration:none;
    font:16px" 微软雅黑 ";
    color:#fff;
}
```

▍小　　结

　　本章主要讲解了网页布局设计中的盒子定位与浮动属性，通过定位属性 position 可以将网页中的元素定位到页面的某个地方，通过 float 属性能方便地将块级元素并排显示，从而实现页面的结构布局。本章的内容结构思维导图如下所示。

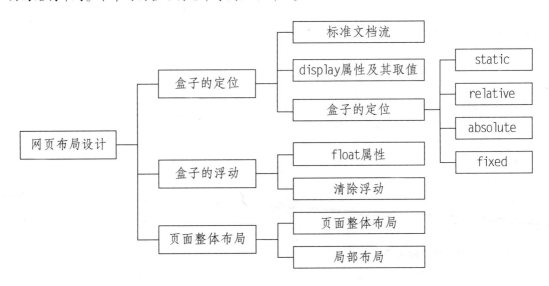

习　题

一、选择题

1. 下列关于标准文档流的说法错误的是（　　）。

    A.　标准文档流中元素可以通过 CSS 任意控制其位置

    B.　标准文档流中的元素是从上到下、从左到右进行排列的

    C.　块级元素可以通过设置 display 属性为 inline，来改变其独占一行的特性

    D.　行内元素不能通过设置 display 属性为 block，来变为块级元素

2. 在 CSS 中，display 属性的取值为（　　）时，元素不显示在页面。

    A.　none   B.　hidden   C.　inline   D.　false

3. 在设置元素的 position 属性时，不会脱离标准文档流的定位是（　　）。

    A.　静态定位   B.　绝对定位   C.　相对定位   D.　固定定位

4. 下列关于元素浮动的说法错误的是（　　）。

    A.　元素浮动是通过设置 float 为 left 或 right 实现的

    B.　浮动的元素会脱离标准文档流

    C.　多个浮动的块元素也不能在同一行显示

    D.　使用 clear 属性能清除浮动

二、简答题

    1. 简述标准文档流的特点。

    2. 元素的定位分为哪几种？它们分别有什么特点？

    3. 如何设置元素的浮动？设置浮动有哪些好处？

第6章
CSS 样式进阶

本章简介

通过对前面课程的学习，已经对 CSS 样式有了一定的了解，能够通过 CSS 样式表美化页面和对页面进行布局。本章将在前面章节的基础上，对 CSS 的应用进行总结与归纳，主要内容有 CSS 的选择器、CSS 的常见样式、盒子模型以及页面布局相关知识，本章还补充了 CSS3 的相关知识，帮助大家进一步巩固所学知识并扩展知识体系结构，CSS3 的样式是本章的重难点内容，最后通过对样式的使用提升大家对所学知识的应用水平。

学习目标

- ◆ 掌握 CSS 样式选择器
- ◆ 理解盒子模型
- ◆ 掌握页面布局
- ◆ 掌握 CSS3 的新样式

实践任务

- ◆ 任务1 制作商品照片墙
- ◆ 任务2 制作推荐商品列表

6.1　CSS 样式选择器

选择器（selector）是 CSS 中很重要的概念，所有 HTML 中的标签样式均通过不同的 CSS 选择器进行控制。用户只需要通过选择器对不同的 HTML 标签进行选择，并赋予其各种样式声明，即可实现各种效果。下面总结一下各种选择器的用法。

视 频

CSS 选择器

6.1.1　基本选择器分类

1. 标签选择器

标签选择器通常用于选中某种标签的元素，如 p 标签选择器会选中页面内所有 <p> 标签的元素。使用示例如下：

```
p{
    color:red;
    font-size:14px;
}
```

2. 类选择器

类选择器通常与标签的 class 属性结合使用，用于选中有相同类名的所有标签，使用类选择器时，通常先定义类样式，然后为标签添加 class 属性。使用示例如下：

```
.title {
    color:blue;
    font-size:24px;
}
```

3. ID 选择器

ID 选择器通常与标签的 ID 属性结合使用，用于 ID 为某个特定值的元素，该元素的 ID 属性值与 ID 选择器同名。使用 ID 选择器时，通常先设置元素的 ID 属性，然后根据 ID 值定义该元素的样式。使用示例如下：

```
#box1 {
    width:500px;
    height:200px;
    border:1px solid #F00;
}
```

6.1.2　复合选择器分类

基本的选择器通过组合还可以产生出很多种类的选择器。

1. 交集选择器

交集选择器由两个选择器之间的连接构成，其结果是选中两者各自元素访问的交集。其中，第一个必须是标签选择器，第二个必须是类选择器或 ID 选择器。这两个选择器之间不能有空格，必须连续书写，如以下代码：

```
p.red {
    color:red;
    font-size:23px;
}
```

该代码中的 p.red 即为交集选择器，该选择器的范围是选中 p 标签中 class 属性值为 red 的所有元素。其范围如图 6.1 所示。

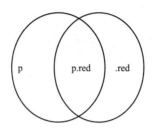

图 6.1　交集选择器的范围图

2. 并集选择器

并集选择器即之前使用的群选择器（组选择器），它的选择范围是各选择器范围的并集。任何形式的选择器都可以作为并集选择器的一部分，使用并集选择器时，各选择器用逗号连接，代码如下所示：

```
p,.red,#header {
    color:red;
    font-size:12px;
}
```

在该代码中，并集选择器 "p,.red,#header" 可以设置所有 p 标签、class 属性值为 red 的标签以及 ID 为 header 的标签的样式，其范围如图 6.2 所示。

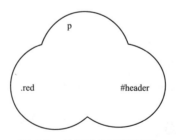

图 6.2　并集选择器的范围

3. 后代选择器

后代选择器又称包含选择器，它主要用于选择元素的后代元素，所谓后代元素即该标签内的元素，经常称外层的标签为父标签，内层的标签为子标签。如以下 HTML 代码：

```
<div id="header">
    <ul class="menu">
        <li><a href="#"> 家用电器 </a></li>
        <li><a href="#"> 手机数码 </a></li>
        <li><a href="#"> 日用百货 </a></li>
    </ul>
</div>
```

在上述代码中，ID 为 header 的 div 的子标签 ul，ul 的子标签为 li，li 的子标签为 a，如果要选择 a 标签的元素，则可以使用如下 CSS 代码：

```
#header  ul  li  a {
    color:blue;
    text-decoration:none;
}
```

后代选择器 "#header ul li a" 表示选择 id 为 header 标签下的 ul，ul 下的 li 标签，li 标签下的 a 标签。使用后代选择器比较灵活，且能较精确地选择页面元素。

后代选择器也属于层次选择器，其他层次选择器的使用方式如表 6.1 所示

表 6.1　层次选择器

选 择 器	类　　型	功 能 描 述
E F	后代选择器	选择匹配的 F 元素，且匹配的 F 元素被包含在匹配的 E 元素内
E>F	子选择器	选择匹配的 F 元素，且匹配的 F 元素是匹配的 E 元素的子元素
E+F	相邻兄弟选择器	选择匹配的 F 元素，且匹配的 F 元素紧位于匹配的 E 元素后面
E~F	通用兄弟选择器	选择匹配的 F 元素，且位于匹配的 E 元素后的所有匹配的 F 元素

📎【示例 6.1】层次选择器的使用

```
<!DOCTYPE html>
<html>

    <head lang="en">
        <meta charset="UTF-8">
        <title> 使用 CSS3 层次选择器 </title>
        <style type="text/css">
                p,
                ul {
                    border: 1px solid red;
```

```
                /* 边框属性 */
        }
        /* 后代选择器 */
        body p {
            background: red;
        }

        /* 子选择器 */
        body>p {
            background: pink;
        }

        /*!* 相邻兄弟选择器 *!*/
        .active+p {
            background: green;
        }

        /*!* 通用选择器 *!*/
        .active~p {
            background: yellow;
        }
    </style>
</head>

<body>
    <p class="active">1</p>
    <p>2</p>
    <p>3</p>
    <ul>
        <li>
            <p>4</p>
        </li>
        <li>
            <p>5</p>
        </li>
        <li>
            <p>6</p>
        </li>
    </ul>

</body>

</html>
```

在浏览器中运行的结果如图 6.3 所示

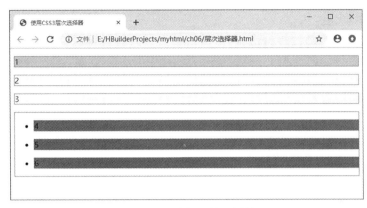

图 6.3 层次选择器的示例结果

6.1.3 伪类选择器

除了上述选择器外，CSS 样式表中还提供了一种伪类选择器，通常只需要掌握超链接伪类选择器，所谓伪类即根据标签处于某种行为或状态时的特征来修饰样式。伪类可以对用户与文档交互时的行为作出响应。伪类样式的基本语法如下：

标签名：伪类名 {

　　属性：属性值；

}

最常用的伪类为超链接伪类，见表 6.2。

表 6.2 超链接伪类

伪　类	示　例	含　义	应 用 场 景
a:link	a:link{color:#999;}	未单击访问时的超链接样式	常用，超链接主样式
a:visited	a:visited{color:#333;}	单击访问后的超链接样式	区分是否已被访问
a:hover	a:hover{color:#f60;}	鼠标悬浮在超链接上的样式	常用，实现动态效果
a:active	a:active{color:#999;}	鼠标单击未释放的超链接样式	少用，通常与 link 一致

∥ 【示例 6.2】超链接伪类样式的使用

```
<!DOCTYPE html>
<html lang="en">


    <head>
        <meta charset="UTF-8">
        <meta name="viewport" content="width=device-width, initial-scale=1.0">
        <title>超链接伪类样式 </title>
        <style type="text/css">
            /* 未访问的超链接样式 */
```

```
        a:link {
          color: blue;
          font: bold 18px 微软雅黑;
          text-decoration: none;
        }

        /* 访问后的超链接样式 */
        a:visited {
          color: #333;
        }

        /* 鼠标悬浮时的超链接样式 */
        a:hover {
          color: red;
          text-decoration: underline;
        }

        /* 单击鼠标未释放时的超链接样式 */
        a:active {
          color: blue;
          text-decoration: underline;
        }
    </style>
  </head>


<body>
    <a href="#">家用电器</a><a href="#">手机数码</a><a href="#">日用百货</a>
  </body>


</html>
```

示例 6.2 在浏览器中的显示效果如图 6.4 所示。

图 6.4　超链接伪类样式的使用效果

除了超链接伪类选择器，还有其他伪类选择器方便用户快速选择某些元素，见表 6.3。

表 6.3　其他伪类选择器

选 择 器	功 能 描 述
E:first-child	作为父元素的第一个子元素的元素 E
E:last-child	作为父元素的最后一个子元素的元素 E
E F:nth-child(n)	选择父级元素 E 的第 n 个子元素 F，（n 可以是 1、2、3），关键字为 even、odd
E:first-of-type	选择父元素内具有指定类型的第一个 E 元素
E:last-of-type	选择父元素内具有指定类型的最后一个 E 元素
E F:nth-of-type(n)	选择父元素内具有指定类型的第 n 个 F 元素

【示例 6.3】伪类选择器的使用

```
<!DOCTYPE html>
<html>
    <head lang="en">
        <meta charset="UTF-8">
        <title>使用 CSS3 结构伪类选择器</title>
        <style>
            /*ul 的第一个子元素 */
            ulli:first-child{
                background: red;
            }
            /*ul 的最后一个子元素 */
            ulli:last-child{
                background: green;
            }

            /* 选择父级里的第一子元素 p*/
            p:nth-child(1){
                background: yellow;
            }

            /* 父元素里第 2 个类型为 p 的元素 */
            p:nth-of-type(2){
                background: blue;
            }
        </style>
    </head>
    <body>
        <p>p1</p>
```

```
        <p>p2</p>
        <p>p3</p>
        <ul>
            <li>li1</li>
            <li>li2</li>
            <li>li3</li>
        </ul>
    </body>
</html>
```

示例 6.3 在浏览器中的运行结果如图 6.5 所示。

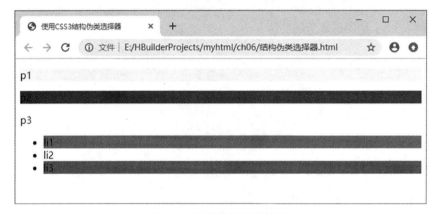

图 6.5　伪类选择器的使用

使用 E F:nth-child(n) 和 E F:nth-of-type(n) 的关键点是 E F:nth-child(n) 在父级里从一个元素开始查找，不分类型。E F:nth-of-type(n) 在父级里先看类型，再看位置。

6.1.4　属性选择器

在 HTML 中，可以给元素设置各种各样的属性，例如 id、class、title、href 等。通过这些属性可以选择元素并为其设置样式，这是非常方便的，见表 6.4。

表 6.4　属性选择器

属性选择器	功 能 描 述
E[attr]	选择匹配具有属性 attr 的 E 元素
E[attr=val]	选择匹配具有属性 attr 的 E 元素，并且属性值为 val（其中 val 区分大小写）
E[attr^=val]	选择匹配元素 E，且 E 元素定义了属性 attr，其属性值是以 val 开头的任意字符串
E[attr$=val]	选择匹配元素 E，且 E 元素定义了属性 attr，其属性值是以 val 结尾的任意字符串
E[attr*=val]	选择匹配元素 E，且 E 元素定义了属性 attr，其属性值包含了 val，换句话说，字符串 val 与属性值中的任意位置相匹配

✐【示例6.4】属性选择器的使用

```
<!DOCTYPE html>
<html>

    <head>
        <meta charset="UTF-8">
        <title>CSS3 属性选择器的使用 </title>
        <style type="text/css">
        .demo a {
                    float: left;
                    display: block;
                    height: 50px;
                    width: 50px;
                    border-radius: 10px;
                    text-align: center;
                    background: yellow;
                    color: black;
                    font: bold 20px/50px Arial;
                    margin-right: 5px;
                    text-decoration: none;
                    margin: 5px;
                }
        a[id] { background: red; }
                a[href$=png] {
                    background: #ccc;
                }
        </style>
    </head>

    <body>
        <p class="demo">
            <a href="http://www.baidu.com" class="links item first" id="first">1</a>
            <a href="" class="links active item" title="test website" target=
"_blank">2</a>
            <a href="test.html" class="links item">3</a>
            <a href="test.png" class="links item"> 4</a>
            <a href="image.jpg" class="links item">5</a>
            <a href="abcd" class="links item" title="website link">6</a>
            <a href="a.pdf" class="links item">7</a>
            <a href="abc.pdf" class="links item">8</a>
            <a href="abc.doc" class="links item">9</a>
```

```
            <a href="abcd.doc" class="linksitem last" id="last">10</a>
        </p>
    </body>

</html>
```

示例 6.4 在浏览器中的运行结果如图 6.6 所示。

图 6.6　属性选择器的使用结果

6.2　CSS 样式的特性与常用属性

●视频

CSS 样式的
特性

6.2.1　CSS 样式的特性

1. 继承性

样式的继承特性是指后代元素（子元素）拥有父类元素的部分样式风格，并可以在父元素样式风格的基础上加以修改，产生自己独有的样式风格。

2. 层叠性

层叠性是指当有多个选择器都作用于同一元素时，即多个选择器中的样式发生了重叠，CSS 会对其进行处理。CSS 的处理原则是：

（1）如果多个选择器定义的样式规则不发生冲突，则元素将应用所有选择器定义的样式。

（2）如果多个选择器定义的样式规则发生了冲突，则 CSS 按照选择器的优先级来处理，元素将应用优先级高的选择器定义的样式。CSS 规定选择器的优先级从高到低为：行内样式>ID 样式 > 类样式 > 标签样式。其总原则是：越特殊的样式，优先级越高。

【示例 6.5】CSS 的继承性与层叠性

```
<!DOCTYPE html>
<html lang="en">

    <head>
        <meta charset="UTF-8">
        <meta name="viewport" content="width=device-width, initial-scale=1.0">
        <title>继承与层叠</title>
```

```
<style type="text/css">
    div {
        font-size:24px;
        color:red;
    }
    .sale {
        text-decoration:underline;
    }
    .blue {
        color:blue;
    }
</style>
</head>
<body>
 <div>
    <ul>
        <li>手机</li>
        <li class="sale">电脑</li>
        <li class="blue">服装</li>
        <li>食品</li>
    </ul>
 </div>
</body>
</html>
```

在示例 6.5 中，类名为 sale 的 li 标签会继承父标签 div 的样式，还会应用自己的类样式。类名为 blue 的 li 标签在 color 属性上产生了重叠，该元素最终会选择优先级较高的类样式中的 color 属性值。页面效果如图 6.7 所示。

继承 div 的样式并应用 sale 类的样式

color 样式属性有冲突，采用类样式中的 color 属性值

图 6.7　继承性的体现效果

6.2.2　样式属性分类

CSS 的样式属性很多，可以查看相关的帮助手册进行学习。这里介绍几个常用的样式属性，并进行了分类，分类信息如下。

1. 字体属性

字体属性见表 6.5。

表 6.5　字体属性

属　　性	描　　述	属　　性	描　　述
font	设置字体的所有属性	font-style	设置字体样式
font-family	设置字体系列	font-weight	设置字体粗细
font-size	设置字体大小		

2. 文本属性

文本属性见表 6.6。

表 6.6　文本属性

属　　性	描　　述	属　　性	描　　述
color	设置文本的颜色	text-decoration	设置文本的装饰效果
letter-spacing	设置字符间距	line-height	设置行高
text-align	设置文本的水平对齐方式		

3. 列表属性

列表属性见表 6.7。

表 6.7　列表属性

属　　性	描　　述	属　　性	描　　述
list-style	设置列表的所有属性	list-style-type	设置列表项标记的类型
list-style-image	将图像设置为列表项标记		

4. 尺寸属性

尺寸属性见表 6.8。

表 6.8　尺寸属性

属　　性	描　　述	属　　性	描　　述
width	设置元素内容的宽度	height	设置元素内容的高度

5. 定位属性

定位属性见表 6.9。

表 6.9　定位属性

属　　性	描　　述
position	设置元素内容的宽度

属　　性	描　　述
float	设置元素的浮动
clear	设置元素哪一侧不允许有其他浮动元素
display	设置元素的显示类型
vertical-align	设置元素的垂直对齐方式
left	设置元素左边框边界与包含块左边界之间的偏移
right	设置元素右边框边界与包含块右边界之间的偏移
bottom	设置元素下边框边界与包含块下边界之间的偏移
top	设置元素上边框边界与包含块上边界之间的偏移
overflow	设置内容溢出元素边框时的处理方式
z-index	设置元素的堆叠顺序

6. 表格属性

表格属性见表 6.10。

表 6.10　表格属性

属　　性	描　　述	属　　性	描　　述
border-collapse	设置是否合并表格边框	border-spacing	设置相邻单元格之间的距离

7. 盒子属性

盒子属性见表 6.11。

表 6.11　盒子属性

属　　性	描　　述
margin	同时设置上、右、下、左外边距的值
margin-top	设置元素上方的外边距，取值通常为像素，如 margin-top:20px;
margin-right	设置元素右方的外边距
margin-bottom	设置元素下方的外边距
margin-left	设置元素左方的外边距
border	同时设置上、右、下、左边框的值
border-style	设置边框的样式，取值有 none 无边框、solid 实线以及 dashed 虚线
border-width	设置边框的宽度
border-color	设置边框的颜色，如 border-color:red; 或 border-color:#CCCCCC;
padding	同时设置上、右、下、左内边距的值

续表

属　　性	描　　述
padding-top	设置元素上方的内边距，取值通常为像素，如 padding-top:10px;
padding-right	设置元素右方的内边距
padding-bottom	设置元素下方的内边距
padding-left	设置元素左方的内边距

8. 背景属性

背景属性见表 6.12。

表 6.12　背景属性

属　　性	描　　述	属　　性	描　　述
background	设置背景的所有属性	background-position	设置背景图像的开始位置
background-color	设置背景的颜色	background-repeat	设置背景图像如何重复展开
background-image	设置背景的图像		

6.2.3　页面布局属性

1. 标准文档流布局

标准文档流布局是页面默认的布局方式，浏览器会按照 HTML 代码中元素的位置将块级元素从上到下排列、行内元素从左至右排列，通过这种排列方式来显示页面内容。

2. 定位布局

在 HTML 中，定位布局通过 position 属性来设置，该属性的取值包括：

（1）static：静态定位，它是默认的属性值，取该值的元素按照标准文档流进行布局排列。

（2）relative：相对定位，使用相对定位的元素以标准文档流为基础，元素可以在其原来的位置上进行偏移，该元素的偏移是显示上的偏移，但在文档流中的位置不会变化。

（3）absolute：绝对定位，绝对定位的元素会脱离标准文档流，对其后的其他元素没有影响，它可以以页面左上角为基准，定位至页面的任何位置。

（4）fixed：固定定位，它与绝对定位类似，只是其以浏览器窗口为基准进行定位，即当拖动浏览器窗口的滚动条时，它依然保持位置不变。

3. 浮动布局

浮动布局通过 float 属性来实现，通过设置 float 属性为 left 或 right，可以将元素停靠在父元素的边框旁或其他浮动元素旁。浮动元素将脱离标准文档流，此时可以将多个浮动的块级元素设置到同一行中，实现一行多列的布局。

6.3　CSS3 的其他样式

6.3.1　盒子模型的圆角

视 频

CSS3 中新增
的样式

CSS3 样式中的 border-radius 属性可以为盒子设置圆角边框，如圆角矩形、半圆等，使用语法如下：

```
border-radius: 20px  10px  50px  30px;
```

它的设置是顺时针转，分别设置上右下左的角。圆角边框如图 6.8 所示。

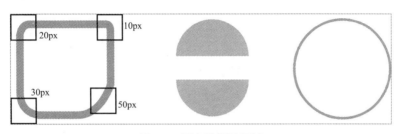

图 6.8　圆角边框的用法

📎【示例 6.6】圆角边框的使用

```
<!DOCTYPE html>
<html>

    <head lang="en">
        <meta charset="UTF-8">
        <title>border-radius </title>
        <style>
          .circle {
              display: inline-block;
              width: 100px;
              height: 100px;
              border: 4px solid red;
              border-radius: 50%;
          }

          .by {
              display: inline-block;
              background: red;
              margin: 30px;
              width: 100px;
              height: 50px;
              border-radius: 50px 50px 0 0;
          }
```

```
        .sx {
            display: inline-block;
            background: red;
            margin: 30px;
            width: 50px;
            height: 50px;
            border-radius: 50px 0 0 0;
        }
    </style>
</head>

<body>
    <div class="circle"></div>
    <div class="by"></div>
    <div class="sx"></div>
</body>

</html>
```

通过圆角制作的圆形、半圆、扇形如图 6.9 所示。

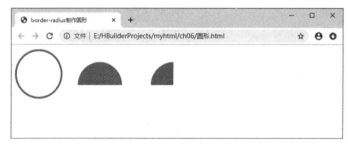

图 6.9　圆角的示例运行结果

6.3.2　盒子阴影

CSS3 给 div 或者文字添加阴影（盒子阴影、文本阴影的使用）使用 box-shadow。CSS3 定义了两种阴影：盒子阴影和文本阴影。其中盒子阴影需要 IE9 及其更新版本，而文本阴影需要 IE10 及其更新版本。下面分别介绍 box-shadow 阴影的使用：

1. 盒子阴影 box-shadow

box-shadow 属性向 box 添加一个或多个阴影。其使用语法如下：

```
box-shadow: offset-x offset-y blur spread color inset;
```

其取值的含义如下：

box-shadow: X 轴偏移量 Y 轴偏移量 [阴影模糊半径] [阴影扩展] [阴影颜色] [投影方式];

参数解释如下：

offset-x：必需，取值正负都可。offset-x 水平阴影的位置。

offset-y：必需，取值正负都可。offset-y 垂直阴影的位置。

blur：可选，只能取正值。blur-radius 阴影模糊半径，0 即无模糊效果，值越大阴影边缘越模糊。

spread：可选，取值正负都可。spread 代表阴影的周长向四周扩展的尺寸，正值，阴影扩大，负值阴影缩小。

color：可选。阴影的颜色。如果不设置，浏览器会取默认颜色，通常是黑色，但各浏览器默认颜色有差异，建议不要省略。可以是 rgb(250,0,0)，也可以是有透明值的 rgba(250,0,0,0.5)。

inset：可选。关键字，将外部投影 (默认 outset) 改为内部投影。inset 阴影在背景之上，内容之下。

注意：inset 可以写在参数的第一个或最后一个，其它位置是无效的。

🖉【示例 6.7】盒子阴影 box-shadow 的使用

```
<!DOCTYPE html>
<html lang="en">

    <head>
        <meta charset="UTF-8">
        <meta name="viewport" content="width=device-width, initial-scale=1.0">
        <title>Document</title>
        <style>
            div {
                width: 100px;
                height: 100px;
                margin: 50px;
                border: 10px dotted red;
                display: inline-block;
            }

            .blur {
                box-shadow: 0 0 20px;
                /*box-shadow: 0 0  20px green;*/
                /* 也可以自定义颜色 */
            }

            .spread-positive {
```

```
            box-shadow: 0 0 20px 5px;
            /* box-shadow: 0 0 20px 5px green;*/
            /* 也可以自定义颜色 */
        }

        .spread-negative {
            box-shadow: 0 0 20px -5px;
            /* box-shadow: 0 0 20px -5px green;*/
            /* 也可以自定义颜色 */
        }
    </style>
</head>

<body>
    <div class="blur"></div>
    <div class="spread-positive"></div>
    <div class="spread-negative"></div>
</body>

</html>
```

示例 6.7 在浏览器中的运行效果如图 6.10 所示。

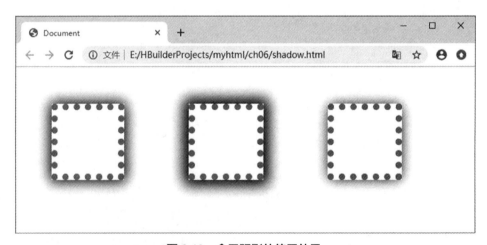

图 6.10　盒子阴影的使用效果

2. 设置水平垂直偏移得到阴影效果

outset 情况：水平垂直偏移为 0，但是不设置 blur 和 spread，看不到阴影，因为此时 box-shadow 的周长和 border-box 一样，所以可以通过设置偏移让阴影显示出来。

inset 情况：水平垂直偏移为 0，不设置 blur 和 spread，同样看不到阴影，因为此时 box-shadow 的周长和 padding-box 一样，同样可通过设置偏移让阴影显示出来。

✐【示例 6.8】设置水平垂直偏移得到阴影效果

```
<!DOCTYPE html>
<html lang="en">

    <head>
        <meta charset="UTF-8">
        <meta name="viewport" content="width=device-width, initial-scale=1.0">
        <title> 盒子阴影 </title>
        <style type="text/css">
            div {
                width: 100px;
                height: 100px;
                margin: 50px;
                border: 10px dotted pink;
                display: inline-block;
            }

            .shadow0 {
                box-shadow: 0 0;
            }

            .shadow1 {
                box-shadow: 1px 1px;
            }

            .shadow10 {
                box-shadow: 10px 10px;
            }

            .inset-shadow0 {
                box-shadow: 0 0 inset;
            }

            .inset-shadow1 {
                box-shadow: 1px 1px inset;
            }

            .inset-shadow10 {
                box-shadow: 10px 10px inset;
            }
        </style>
```

```
    </head>

    <body>
        <div class="shadow0"></div>
        <div class="shadow1"></div>
        <div class="shadow10"></div>
        <div class="inset-shadow0"></div>
        <div class="inset-shadow1"></div>
        <div class="inset-shadow10"></div>
    </body>

</html>
```

示例 6.8 在浏览器中的显示效果如图 6.11 所示。

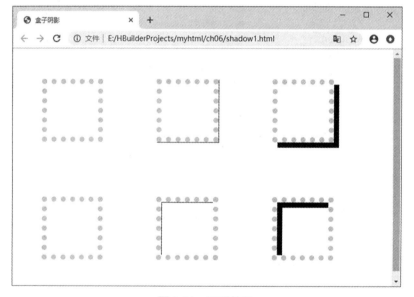

图 6.11　阴影效果

6.3.3　动画设置

网页中使用动画可以使得网页更加生动，常用的动画实现方案有动态 gif 图片、flash、JavaScript 等，这些使用都比较复杂，通过 CSS3 也可以实现简单的动画，如平移、旋转、缩放、倾斜等动画效果。

1. CSS3 变形

CSS3 变形是一些效果的集合。如平移、旋转、缩放、倾斜效果，每个效果都可以称为变形（transform），它们可以分别操控元素发生平移、旋转、缩放、倾斜等变化。语法如下：

```
transform:[transform-function] *;
```

设置变形函数，可以是一个，也可以是多个，中间以空格分开。变形函数有：

（1）translate()：平移函数，基于 X、Y 坐标重新定位元素的位置，语法如下：

```
translate(tx,ty);
```

使用 translate 实现菜单项的移动，代码如下：

```html
<!DOCTYPE html>
<html>

    <head lang="en">
        <meta charset="UTF-8">
        <title>translate 的使用 </title>
        <style>
            li {
                list-style: none;
                float: left;
                width: 80px;
                line-height: 40px;
                background: rgba(242, 123, 5, 0.61);
                border-radius: 6px;
                font-size: 16px;
                margin-left: 3px;
            }

            li a {
                text-decoration: none;
                color: #fff;
                display: block;
                text-align: center;
                height: 40px;
            }

            li a:hover {
                background: rgba(242, 88, 6, 0.87);
                border-radius: 6px;
                /* 设置 a 元素在鼠标移入时向右下角移动 4px, 8px*/
                transform: translate(4px, 8px);
                /*-webkit-transform: translate(4px,8px);*/
                /*-o-transform: translate(4px,8px);*/
```

```
                                /*-moz-transform: translate(4px,8px);
                    }
            </style>
    </head>

    <body>
        <ul>
            <li><a href="#">办公用品 </a></li>
            <li><a href="#">数码产品 </a></li>
            <li><a href="#">婴儿用品 </a></li>
            <li><a href="#">化妆品 </a></li>
        </ul>
    </body>

</html>
```

在浏览器中打开，选择"数码产品"，该菜单项向右下角移动，如图 6.12 所示。

图 6.12　菜单项移动效果

（2）scale()：缩放函数，可以使任意元素对象尺寸发生变化，语法如下：

```
scale(sx,sy);
```

scale() 函数可以只接收一个值，也可以接收两个值，只有一个值时，第二个值默认和第一个值相等，使用 scale 实现缩放，代码如下：

```
<!DOCTYPE html>
<html>
    <head lang="en">
        <meta charset="UTF-8">
        <title>scale 的使用 </title>
```

```
    <style>
        li{
          list-style: none;
          float: left;
          width: 80px;
          line-height: 40px;
          background: rgba(242, 123, 5, 0.61);
          border-radius: 6px;
          font-size: 16px;
          margin-left: 3px;
        }
        li a{
            text-decoration: none;
            color: #fff;
            display: block;
            text-align: center;
            height: 40px;


        }
        li a:hover{
            background: rgba(242, 88, 6, 0.87);
            border-radius: 6px;
            /* 设置 a 元素在鼠标移入时放大 1.5 倍显示 */
            transform: scale(1.5);
            -webkit-transform: scale(1.5);
            -moz-transform: scale(1.5);
            -o-transform: scale(1.5);
         }
    </style>
  </head>
  <body>
    <ul>
        <li><a href="#"> 办公用品 </a></li>
        <li><a href="#"> 数码产品 </a></li>
        <li><a href="#"> 婴儿用品 </a></li>
        <li><a href="#"> 化妆品 </a></li>
    </ul>
  </body>
</html>
```

在浏览器中打开，选中"数码产品"，该菜单项放大，如图 6.13 所示。

图 6.13　菜单项放大效果

（3）rotate()：旋转函数，取值是一个度数值，语法如下：

```
rotate(a);
```

参数 a 单位使用 deg 表示，参数 a 取正值时元素相对原来中心顺时针旋转。
使用 rotate 实现旋转的代码如下所示：

```
<!DOCTYPE html>
<html>
    <head lang="en">
        <meta charset="UTF-8">
        <title>rotate 的使用 </title>
        <style>
            div {
                width: 300px;
                margin: 40px auto;
                text-align: center;
            }
            img:hover {
                /* 定义动画的状态，鼠标移入旋转并放大图片 */
                transform: rotate(-90deg) scale(1.5);
                -webkit-transform: rotate(-90deg) scale(1.5);
                -moz-transform: rotate(-90deg) scale(1.5);
                -o-transform: rotate(-90deg) scale(1.5);
            }
        </style>
    </head>
    <body>
        <div>
            <img src="html5.jpg" alt="img"/>
        </div>
    </body>
</html>
```

在浏览器中打开后，图片进行了旋转和放大，如图 6.14 所示。

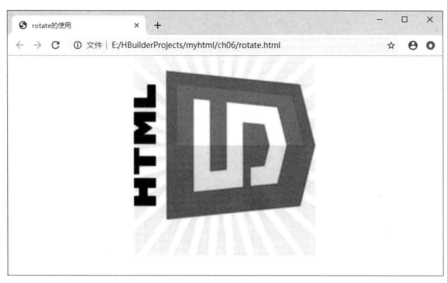

图 6.14　图片旋转和放大的效果

（4）skew( )：倾斜函数，取值是一个度数值，skew( )方法与 translate( )方法、scale( )方法一样，也有 3 种情况：

① skewX(x)：使元素在水平方向倾斜（X 轴倾斜）；

② skewY(y)：使元素在垂直方向倾斜（Y 轴倾斜）；

③ skew(x,y)：使元素在水平方向和垂直方向同时倾斜（X 轴和 Y 轴同时倾斜）。

使用 skew 实现倾斜的代码如下：

```
<!DOCTYPE html>
<html>
    <head lang="en">
        <meta charset="UTF-8">
        <title>skew 的使用 </title>
        <style>
            li{
                list-style: none;
                float: left;
                width: 80px;
                line-height: 40px;
                background: rgba(242, 123, 5, 0.61);
                border-radius: 6px;
                font-size: 16px;
                margin-left: 3px;
            }
```

```
            li a{
                text-decoration: none;
                color: #fff;
                display: block;
                text-align: center;
                height: 40px;

            }
            li a:hover{
                background: rgba(242, 88, 6, 0.87);
                border-radius: 6px;
                transform: skewX(40deg);
                -webkit-transform: skewX(40deg);
                -moz-transform: skewX(40deg);
                -o-transform: skewX(40deg);
            }
        </style>
    </head>
    <body>
        <ul>
            <li><a href="#">办公用品</a></li>
            <li><a href="#">数码产品</a></li>
            <li><a href="#">婴儿用品</a></li>
            <li><a href="#">化妆用品</a></li>
        </ul>
    </body>
</html>
```

在浏览器中打开后的效果如图 6.15 所示。

图 6.15　倾斜动画效果

2. CSS3 过渡

在 CSS3 中 transition 呈现的是一种过渡，是一种动画转换的过程，如渐现、渐弱、动画快慢等。CSS3 transition 的过渡功能更像是一种"黄油"，通过一些 CSS 的简单动作触发样式平滑过渡。使用语法如下：

```
transition:[transition-property transition-duration  transition-timing-
function   transition-delay ]
```

语法说明如下：

（1）过渡属性（transition-property）定义转换动画的 CSS 属性名称。IDENT：指定的 CSS 属性（width、height、background-color 属性等）；all：指定所有元素支持 transition-property 属性的样式，一般为了方便都会使用 all。

（2）过渡所需的时间（transition-duration）定义转换动画的时间长度，即从设置旧属性到换新属性所花费的时间，单位为秒（s）。

（3）过渡动画函数（transition-timing-function）指定浏览器的过渡速度，以及过渡期间的操作进展情况，通过给过渡添加一个函数来指定动画的快慢方式。ease：速度由快到慢（默认值）；linear：速度恒速（匀速运动）；ease-in：速度越来越快（渐显效果）；ease-out：速度越来越慢（渐隐效果）；ease-in-out：速度先加速再减速（渐显渐隐效果）。

（4）过渡延迟时间（transition-delay）指定一个动画开始执行的时间，当改变元素属性值后多长时间去执行过渡效果。取值为正值：元素过渡效果不会立即触发，当过了设置的时间值后才会被触发；负值：元素过渡效果会从该时间点开始显示，之前的动作被截断；0：默认值，元素过渡效果立即执行。

过渡的触发机制。伪类触发：如 hover、active、focus、checked 等；媒体查询：通过 @media 属性判断设备的尺寸，方向等；JavaScript 触发：用 JavaScript 脚本触发。

使用 transition 实现过渡动画的使用样式代码如下：

```css
#box img {
    -moz-transition: all 0.8s ease-in-out;
    -webkit-transition: all 0.8s ease-in-out;
    -o-transition: all 0.8s ease-in-out;
    transition: all 0.8s ease-in-out;
}
#box img:hover {
    -moz-transform: rotate(360deg) scale(1.5);
    -webkit-transform: rotate(360deg) scale(1.5);
    -o-transform: rotate(360deg) scale(1.5);
    -ms-transform: rotate(360deg) scale(1.5);
    transform: rotate(360deg) scale(1.5);
}
```

实践任务

任务 1　制作商品照片墙

【需求说明】

给每张图片添加过渡效果，用伪类 hover 触发过渡，动画的总时长为 0.6 s，没有延迟，动画方式为 ease-in-out，当鼠标放置到某张图片上时，图片突出显示，效果如图 6.16 所示

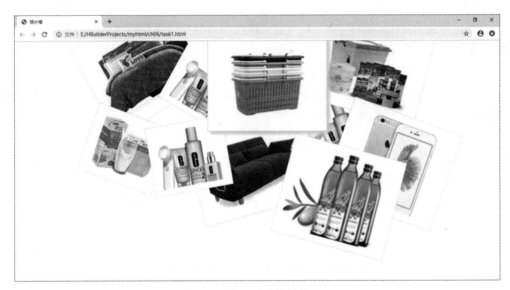

图 6.16　商品照片墙的效果图

【实现思路】

（1）使用 HTML 标签布局网页内容。

（2）设置图片为绝对定位。

（3）使用伪类样式实现鼠标悬停特效。

【参考代码】

```html
<!DOCTYPE html>
<html>

    <head lang="en">
        <meta charset="UTF-8">
        <title>照片墙</title>
        <style>
            div img:nth-child(even) {
                width: 200px;
            }
```

```css
div img:nth-child(odd) {
    width: 300px;
}

.box {
    width: 960px;
    margin: 200px auto;
    position: relative;
}

.box img {
    border: 1px solid #ddd;
    padding: 10px;
    position: absolute;
    background: #fff;
    z-index: 1;
    /* 过渡动画 */
    transition: all 0.6s ease-in-out;
    -webkit-transition: all 0.6s ease-in-out;
    -moz-transition: all 0.6s ease-in-out;
    -o-transition: all 0.6s ease-in-out;
}

#box img:hover {
    z-index: 2;
    /* 提高层级 */
    box-shadow: 5px 5px5px #ddd;
    transform: rotate(0deg) scale(1.5);
}

.box img:nth-child(1) {
    top: 0px;
    left: 300px;
    transform: rotate(-15deg);
}

.box img:nth-child(2) {
    top: -50px;
    left: 600px;
    transform: rotate(-20deg);
}

.box img:nth-child(3) {
    bottom: 0;
    right: 0;
    transform: rotate(15deg);
```

```
        }

        .box img:nth-child(4) {
            bottom: 0;
            left: 400px;
            transform: rotate(-20deg);
        }

        .box img:nth-child(5) {
            bottom: 0;
            left: 0;
            transform: rotate(-30deg);
        }

        .box img:nth-child(6) {
            top: 0;
            left: 0;
            transform: rotate(20deg);
        }

        .box img:nth-child(7) {
            top: 0;
            left: 700px;
            transform: rotate(20deg);
        }

        .box img:nth-child(8) {
            bottom: -20px;
            right: 500px;
            transform: rotate(30deg);
        }

        .box img:nth-child(9) {
            top: 90px;
            left: 550px;
            transform: rotate(15deg);
        }
        .box img:nth-child(10) {
            left: 180px;
            top: 20px;
            transform: rotate(-10deg);
        }
    </style>
</head>
```

```html
<body>
    <div class="box" id="box">
        <img src="images/home_1.jpg" alt="" />
        <img src="images/hot3.jpg" alt="" />
        <img src="images/home_2.jpg" alt="" />
        <img src="images/home_3.jpg" alt="" />
        <img src="images/home_4.jpg" alt="" />
        <img src="images/hot1.jpg" alt="" />
        <img src="images/hot2.jpg" alt="" />
        <img src="images/hot3.jpg" alt="" />
        <img src="images/hot4.jpg" alt="" />
        <img src="images/hot3.jpg" alt="" />
    </div>
</body>

</html>
```

任务 2　制作推荐商品列表

【需求说明】

使用无序列表制作推荐商品列表, 效果如图 6.17 所示。

图 6.17　推荐商品列表

【实现思路】

（1）使用无序列表 <ul> 制作热点产品列表。

（2）使用 border 属性设置边框样式。

（3）使用 margin 属性和 padding 属性设置外边距和内边距。

（4）使用 background 属性设置页面背景。

（5）使用后代选择器设置列表编号的背景样式。

（6）使用 border-radius 属性制作圆形背景效果。

【参考代码】

HTML 的代码

```html
<!DOCTYPE html>
<html lang="en">

    <head>
        <meta charset="UTF-8">
        <title> 商品推荐列表 </title>
        <meta name="viewport" content="width=device-width, initial-
scale=1.0">
        <link href="css/goods.css" rel="stylesheet" type="text/css" />
    </head>

    <body>
        <div id="beauty">
            <p> 商品推荐列表 </p>
            <ul>
                <li><a href="#"><span>1</span>【新西兰仓】Lucas Papaw 番木瓜
膏万能膏 25g</a></li>
                <li><a href="#"><span>2</span>【新西兰仓】Farex 高铁无糖原味多
谷类米粉米糊 6 月 125g</a></li>
                <li><a href="#"><span>3</span>【新西兰仓】Bioisland 婴幼儿全天
然牛乳纯乳钙 90 粒 </a></li>
                <li><a href="#"><span>4</span>【新西兰仓】 NORDIC NATURALS
挪威婴儿 DHA 鳕鱼肝油滴剂 </a></li>
                <li><a href="#"><span>5</span>【新西兰仓】Farex 高铁无糖原味多
谷类米粉米糊 6 月 125g</a></li>
                <li><a href="#"><span>6</span>【新西兰仓】Bioisland 婴幼儿全天
然牛乳纯乳钙 90 粒 </a></li>
                <li><a href="#"><span>7</span>【新西兰仓】Whittakers 惠特克
33% 榛子果仁巧克力 250g</a></li>
                <li><a href="#"><span>8</span>【新西兰仓】 NORDIC NATURALS
挪威婴儿 DHA 鳕鱼肝油滴剂 </a></li>
```

```
            <li><a href="#"><span>9</span>【新西兰仓】Whittakers 惠特克
33% 榛子果仁巧克力  250g</a></li>
              </ul>
          </div>
      </body>

  </html>
```

CSS 样式参考代码:

```
p,
ul,
li {
    margin: 0px;
    padding: 0px;
}

ul,
li {
    list-style-type: none;
}

body {
    background-color: #eee7e1;
    font-size: 12px;
}

#beauty {
    width: 500px;
    background-color: #FFF;
}

#beauty p {
    font-size: 14px;
    font-weight: bold;
    color: #FFF;
    background-color: #e9185a;
    height: 35px;
    line-height: 35px;
    padding-left: 10px;
}

#beauty li {
```

```
   border-bottom: 1px #a8a5a5 dashed;
   height: 30px;
   line-height: 30px;
   padding-left: 2px;
}

#beauty a {
   color: #666666;
   text-decoration: none;
}

#beauty a:hover {
   color: #e9185a;
}

#beauty a span {
   color: #FFF;
   font-weight: bold;
   margin-right: 10px;



   display: inline-block;
   width: 20px;
   height: 20px;
   border-radius: 50%;
   background: #373b3c;
   line-height: 20px;
   text-align: center;


}

#beauty a:hover span {
   background: #e9185a;
}
```

小　结

本章主要总结了样式的选择器，并对 CSS3 中的样式属性进行了介绍，本章知识结构的思维导图如下所示。

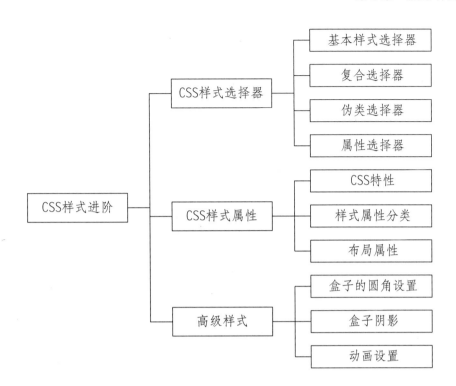

习　题

选择题

1. 下列选项中，属于并集选择器书写方式的是（　　）。

　　A. h1p{}　　　　　　　B. h1_p{}　　　　　　　C. h1,p{}　　　　　　　D. h1-p{}

2. 下列选项中，用于定义过渡效果花费时间的属性是（　　）。

　　A. transition-property　　　　　　　　B. transition-duration

　　C. transition-timing-function　　　　　　D. transition-delay

3. 下列选项中，用于定义当前动画播放方向的属性是（　　）。

　　A. animation-iteration-count　　　　　　B. animation-timing-function

　　C. animation-delay　　　　　　　　　　D. animation-direction

4. 下列选项中，能够让元素倾斜显示的变形的函数是（　　）。

　　A. translate( )　　　　　B. scale( )　　　　　C. skew( )　　　　　D. rotate( )

5. 下列选项中，用于定义整个动画效果完成所需要时间的属性是（　　）。

　　A. animation-duration　　　　　　　　B. animation-timing-function

　　C. animation-delay　　　　　　　　　　D. animation-direction

6. 下列选项中，用于定义动画效果需要播放 3 次的代码是（　　）。

　　A. animation:3;　　　　　　　　　　　B. animation-timing-function:3;

　　C. animation-delay:3;　　　　　　　　　D. animation-iteration-count:3;

7. 当 <p> 标签内嵌套 <strong> 标签时，就可以使用后代选择器对其中的 <strong> 标签进行控制，下列写法正确是（　　）。

A. strong p{color:red;}　　　　　　　B. p strong{color:red;}

C. strong,p{color:red;}　　　　　　　D. p.strong{color:red;}

8. 在 3D 变形中，指定元素围绕 X 轴旋转的函数是（　　）。

A. rotateX( )　　　　B. rotateY( )　　　　C. rotateZ( )　　　　D. rotate3d( )

9. 使用标签指定式选择器，让段落应用 class 名为 test 的类，下列写法正确的是（　　）。

A. .p .test{color:red;}　　　　　　　B. p#test{color:red;}

C. p.test{color:red;}　　　　　　　　D. .p,test{color:red;}

10. 下列选项中，能够旋转指定的元素对象的变形的函数是（　　）。

A. translate( )　　　　B. scale( )　　　　C. skew( )　　　　D. rotate( )

第 7 章
响应式网页设计

本章简介

本章主要讲解响应式网页设计的相关内容，包括响应式网页设计的原理，特点与实现。为了更好地开发响应式网页，适应不同的屏幕设备，本章重点介绍 Bootstrap 框架的使用，内容有栅格系统、CSS 全局样式、Bootstrap 的组件。

学习目标

◆ 理解响应式网页的特点
◆ 理解 Bootstrap 框架结构
◆ 掌握栅格系统
◆ 掌握 CSS 全局样式
◆ 掌握 Bootstrap 组件

实践任务

◆ 任务1 企业网站首页设计
◆ 任务2 企业网站资讯页设计

7.1 响应式网页概述

7.1.1 响应式网页的起源

视频

响应式设计
概述

响应式网站设计是一种网络页面设计布局，其理念是：集中创建和组织页面内容，可以智能地根据用户行为以及使用的设备环境进行相对应的布局，以适应不同设备的使用习惯。响应式网页的显示效果如图 7.1 所示

图 7.1　响应式网页适应不同的设备屏幕

此概念于 2010 年 5 月由网页设计师 Ethan Marcotte 所提出。响应式网站设计（Responsive Web design）的理念是：页面的设计与开发应当根据用户行为以及设备环境 (系统平台、屏幕尺寸、屏幕定向等) 进行相应的响应和调整。具体实践方式由多方面组成，包括弹性网格和布局、图片、CSS media query 的使用等。无论用户正在使用笔记本计算机还是 iPad，页面应该能够自动切换分辨率、图片尺寸及相关脚本功能等，以适应不同设备；换句话说，页面应该有能力去自动响应用户的设备环境。响应式网页设计就是一个网站能够兼容多个终端，而不是为每个终端做一个特定的版本。这样，在开发过程中就可以不必为不断到来的新设备做专门的版本设计和开发了。

7.1.2 响应式网页的技术手段

响应式网页设计使网页在所有设备上都很好看，响应式网页设计仅使用 HTML 和 CSS，而不是程序或 JavaScript。响应式界面的四个层次：① 同一页面在不同大小和比例上看起来都应该是舒适的；② 同一页面在不同分辨率上看起来都应该是合理的；③ 同一页面在不同操作方式（如鼠标和触屏）下，体验应该是统一的；④ 同一页面在不同类型的设备（手机、平板、计算机）上，交互方式应该是符合习惯的。

响应式界面的基本规则：

（1）可伸缩的内容区块：内容区块在一定程度上能够自动调整，以确保填满整个页面。

（2）可自由排布的内容区块：当页面尺寸变动较大时，能够减少或增加排布的列数。

（3）适应页面尺寸的边距：到页面尺寸发生更大变化时，区块的边距也应该变化。

（4）能够适应比例变化的图片：对于常见的宽度调整，图片在隐去两侧部分时，依旧保持美观可用。

（5）能够自动隐藏或显示部分内容：如在计算机上显示的大段描述文本，在手机上就只能少量显示或全部隐藏。

（6）能自动折叠的导航和菜单：展开还是收起，应该根据页面尺寸来判断。

（7）放弃使用像素作为尺寸单位：用 dp 尺寸等方法来确保页面在分辨率相差很大的设备上，看起来也能保持一致。同时也要求提供的图片应该比预想的更大，才能适应高分辨率的屏幕。

实现响应式布局的基本技术为弹性布局和媒体查询。

1. 弹性布局

弹性盒子是 CSS3 的一种新布局模式。CSS3 弹性盒子（ Flexible Box）是一种当页面需要适应不同的屏幕大小以及设备类型时确保元素拥有恰当的行为的布局方式。引入弹性盒子布局模型的目的是提供一种更加有效的方式来对一个容器中的子元素进行排列、对齐和分配空白空间。

2. 媒体查询

使用 @media 查询，一般可以针对不同的媒体类型定义不同的样式。@media 可以针对不同的屏幕尺寸设置不同的样式，特别是如果需要设置设计响应式的页面，@media 是非常有用的。当你重置浏览器大小的过程中，页面也会根据浏览器的宽度和高度重新渲染。

响应式设计在 2012 年被提的比较多，但是响应式设计仍然在不断变化、不断创新，所以 Web 设计也将迎来更多的响应式设计框架。其中 Bootstrap 是最受欢迎的 HTML、CSS 和 JS 框架，用于开发响应式布局、移动设备优先的 Web 项目。

7.2 Bootstrap 概述

Bootstrap 是最受欢迎的 HTML、CSS 和 JS 框架，用于开发响应式布局、移动设备优先的 Web 项目。Bootstrap 框架提供非常棒的视觉效果，且使用 Bootstrap 可以确保整个 Web 应用程序的风格完全一致、用户体验一致、操作习惯一致。它还可以对不同级别的提醒使用不同的颜色。通过测试可知，市面上的主流浏览器都支持 Bootstrap 这一完整的框架解决方案，开发人员只需使用它而无须重新制作。而且这个框架专为 Web 应用程序而设计，所有元素都可以非常完美地在一起工作，很适合快速开发。

视频 ●┈┈┈

Bootstrap 概述
●┈┈┈

Bootstrap 是一个用于快速开发 Web 应用程序和网站的前端框架。来自 Twitter，是目前最受欢迎的前端框架。Bootstrap 是基于 HTML、CSS、JavaScript 的，它简洁灵活，使得 Web 开发更加快捷。

Bootstrap 是由 Twitter 的 Mark Otto 和 Jacob Thornton 开发的。Bootstrap 是 2011 年 8 月在 GitHub 上发布的开源产品。目前使用较广的版本是 2 和 3，其中 Bootstrap 2 的最新版本是 2.3.2，Bootstrap 3 的最新版本是 3.3.7。在 2015 年 8 月下旬，Bootstrap 团队发布了 Bootstrap 4 alpha 版，2017 年 8 月 10 日发布了 4.0 beta 版。Bootstrap 最为重要的部分就是它的响应式布局，通过这种布局可以兼容 PC 端、PAD 以及手机移动端的页面访问。

Bootstrap 可以在国内 bootcss 网站上下载并学习。

7.2.1　Bootstrap 的特点

Bootstrap 非常流行，得益于它非常实用的功能和特点。主要核心功能特点如下：

1. 跨设备、跨浏览器

可以兼容所有现代浏览器，包括 IE 7、8。当然，现在基本不再考虑 IE 9 以下浏览器。

2. 响应式布局

不但可以支持 PC 端的各种分辨率的显示，还支持移动端 PAD、手机等屏幕的响应式切换显示。

3. 提供的全面的组件

Bootstrap 提供了实用性很强的组件，包括导航、标签、工具条、按钮等一系列组件，方便开发者调用。

4. 内置 jQuery 插件

Bootstrap 提供了很多实用性的 jQuery 插件,这些插件方便开发者实现 Web 中各种常规特效。

5. 支持 HTML5、CSS3

HTML5 语义化标签和 CSS3 属性，都得到很好的支持。

6. 支持 LESS 动态样式

LESS 使用变量、嵌套、操作混合编码，编写更快、更灵活的 CSS。它和 Bootstrap 能很好地配合开发。

7.2.2　Bootstrap 的结构

首先，想要了解 Boostrap 的文档结构，需要在官网先将 Bootstrap 下载到本地。Bootstrap 下载地址为：http://v3.bootcss.com/（选择生产环境即可）。

解压后，文件目录的结构如图 7.2 所示。

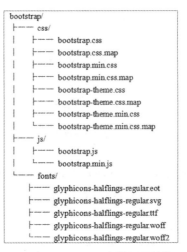

图 7.2　Bootstrap **文件目录结构**

主要分为三大核心目录：css（样式）、js（脚本）、fonts（字体）。

（1）css 目录中有 4 个 css 扩展名的文件，其中包含 min 字样的是压缩版本，一般使用这个；不包含的属于没有压缩的，可以学习了解 css 代码的文件；而 map 扩展名的文件则是 css 源码映射表，在一些特定的浏览器中使用。

（2）js 目录包含两个文件：未压缩和压缩的 js 文件。

（3）fonts 目录包含了不同扩展名的字体文件。

Bootstrap 包括几十个组件，每个组件都自然地结合了设计与开发，具有完整的实例文档。定义了真正的组件和模板。无论处在何种技术水平，也无论处在哪个工作流程中的开发者，都可以使用 Bootstrap 快速、方便地构建自己喜欢的应用程序。Bootstrap 的结构如图 7.3 所示。

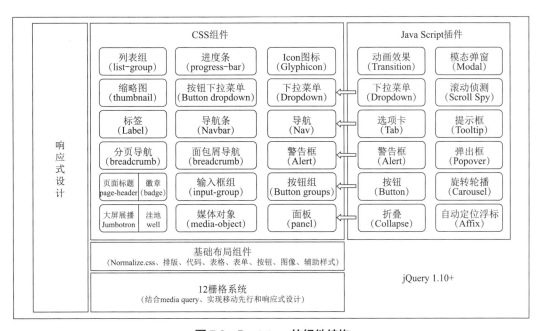

图 7.3 Bootstrap 的组件结构

Bootstrap 引入了 12 栏栅格结构的布局理念，使设计质量高、风格统一的网页变得十分容易。

使用之前需要引入 Bootstrap 框架文件，一般引入压缩处理文件 bootstrap.min.css 和 bootstrap.min.js。也可以使用 Bootstrap 中文网提供的免费 CDN 加速服务。

🔗【示例 7.1】使用 Bootstrap 框架开发第一个网页

（1）将 Bootstrap 框架复制到项目中，如图 7.4 所示。

图 7.4 项目中的 Bootstrap 文件

（2）新建一个网页引用 Bootstrap 的样式和 js 文件，根据情况引入其中的一些文件。使用
Bootstrap 创建的第一个网页代码如下：

```html
<!DOCTYPE html>
<html>


    <head lang="en">
        <meta charset="utf-8">
        <meta http-equiv="X-UA-Compatible" content="IE=edge">
        <meta name="viewport" content="width=device-width, initial-scale=1">
        <title>Bootstrap 基本模板</title>
        <!-- Bootstrap CSS-->
        <link href="css/bootstrap.min.css" rel="stylesheet">
    </head>


    <body>
        <h1>这是一个 Bootstrap 框架的最基本 HTML 模板</h1>
        <button class="btn btn-info">开始 Bootstrap</button>
        <!-- 如果要使用 Bootstrap 的 JS 插件，必须引入 jQuery -->
        <script src="js/jquery-1.12.4.js"></script>
        <!-- Bootstrap 的 JS 插件 -->
        <script src="js/bootstrap.min.js"></script>
    </body>


</html>
```

（3）打开页面显示效果如图 7.5 所示。

图 7.5　第一个 bootstrap 页面

7.3 栅格系统

7.3.1 栅格系统原理

Bootstrap 提供了一套响应式、移动设备优先的流式栅格系统，随着屏幕或视口（viewport）尺寸的增加，系统会自动分为最多 12 列。

栅格系统的实现原理非常简单，仅仅是通过定义容器大小，平分 12 份，再调整内外边距，最后结合媒体查询，制作出响应式的栅格系统。Bootstrap 默认的栅格系统平分为 12 份。

把网页的总宽度平分为 12 份，用户可以自由按份组合。栅格系统使用的总宽度可以不固定，Bootstrap 是按百分比进行平分（保留 15 位小数点精度）。

12 栅格系统是整个 Bootstrap 的核心功能，也是响应式设计核心理念的一个实现形式。

栅格系统用于通过一系列的行（row）与列（column）的组合来创建页面布局。Bootstrap 栅格系统的工作原理如下：

◆ "行" 必须包含在 .container（固定宽度）或 .container-fluid（100% 宽度）中，以便为其赋予合适的排列（aligment）和内补（padding）。

◆ 通过 "行" 在水平方向创建一组 "列"。

◆ 内容应当放置于 "列" 内，并且，只有 "列" 可以作为行的直接子元素。

◆ 类似 .row 和 .col-xs-4 这种预定义的类，可以用来快速创建栅格布局。Bootstrap 源码中定义的 mixin 也可以用来创建语义化的布局。

◆ 通过为 "列" 设置 padding 属性，从而创建列与列之间的间隔（gutter）。通过为 .row 元素设置负值 margin 从而抵消掉为 .container 元素设置的 padding，也就间接为 "行" 所包含的 "列" 抵消掉了 padding。margin 为负值是导制元素向外突出的原因。

◆ 栅格系统中的列是通过指定 1~12 的值来表示其跨越的范围。例如，三个等宽的列可以使用三个 .col-xs-4 来创建。

◆ 如果一 "行" 中包含的 "列" 大于 12，多余的 "列" 所在的元素将被作为一个整体另起一行排列。

◆ 栅格类适用于与屏幕宽度大于或等于分界点大小的设备，并且针对小屏幕设备覆盖栅格类。因此，在元素上应用任何 .col-md-* 栅格类适用于与屏幕宽度大于或等于分界点大小的设备，并且针对小屏幕设备覆盖栅格类。因此，在元素上应用任何 .col-lg-* 不存在，也影响大屏幕设备。

∥ 【示例 7.2】栅格系统的使用

使用单一的一组 .col-md-* 栅格类，创建一个基本的栅格系统，在手机和平板设备上一开始是堆叠在一起的（超小屏幕到小屏幕这一范围），如图 7.6 所示。

在桌面（中等）屏幕设备上变为水平排列。所有列必须放在 .row 内，如图 7.7 所示。

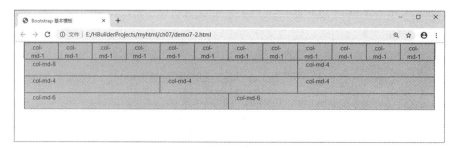

图 7.6　小屏幕的显示效果

图 7.7　计算机浏览器窗体放大后的效果

实现代码如下：

```
<!DOCTYPE html>
<html>

    <head lang="en">
        <meta charset="utf-8">
        <meta http-equiv="X-UA-Compatible" content="IE=edge">
        <meta name="viewport" content="width=device-width, initial-scale=1">
        <title>Bootstrap 基本模板</title>
        <!-- Bootstrap CSS-->
        <link href="css/bootstrap.min.css" rel="stylesheet">
    <style type="text/css">
```

```
      div {
          border: 1px solid gray;
          height: 38px;
          background-color: #ccc;
      }</style>
  </head>

  <body>
    <div class="container">
      <div class="row">
          <div class="col-md-1">.col-md-1</div>
          <div class="col-md-1">.col-md-1</div>
          <div class="col-md-1">.col-md-1</div>
          <div class="col-md-1">.col-md-1</div>
          <div class="col-md-1">.col-md-1</div>
          <div class="col-md-1">.col-md-1</div>
          <div class="col-md-1">.col-md-1</div>
          <div class="col-md-1">.col-md-1</div>
          <div class="col-md-1">.col-md-1</div>
          <div class="col-md-1">.col-md-1</div>
          <div class="col-md-1">.col-md-1</div>
      </div>
      <div class="row">
          <div class="col-md-8">.col-md-8</div>
          <div class="col-md-4">.col-md-4</div>
      </div>
          <div class="row">
          <div class="col-md-4">.col-md-4</div>
          <div class="col-md-4">.col-md-4</div>
          <div class="col-md-4">.col-md-4</div>
      </div>
      <div class="row">
          <div class="col-md-6">.col-md-6</div>
          <div class="col-md-6">.col-md-6</div>
      </div>
    </div>
    <!-- 如果要使用 Bootstrap 的 JS 插件，必须引入 jQuery -->
    <script src="js/jquery-1.12.4.js"></script>
    <!-- Bootstrap 的 JS 插件 -->
    <script src="js/bootstrap.min.js"></script>
  </body>

</html>
```

以上代码一共有四行，.row 位于 .container 内。针对不同的设备，container 的宽度不同。当屏幕 <768 px 时，.container 使用最大宽度，效果和 .container-full 一样。当屏幕 ≥ 768 px，并且 <992 px 时，.container 的宽度为 750 px。当屏幕 ≥ 992 px，并且 <1 200 px 时，.container 的宽度为 970 px。当屏幕 ≥ 1 200 px 时，.container 的宽度为 1 170 px。

.col-md-* 为列，表示占了 * 号列的宽度。col-md- 为中等屏幕列的前缀。col-xs- 为超小屏幕（手机）列的前缀。col-sm- 为小屏幕（平板）列的前缀。col-lg- 为大屏幕大桌面列的前缀。

栅格系统中各个样式类的特点如下：

（1）.container 左右各有 15 px 的内边距。

（2）.row 是 column 的容器，最多只能放 12 个 column。行左右各有 −15 px 的外边距，可以抵消 .container 的 15 px 的内边距。

（3）column 左右有 15 px 的内容边距，可以保证内容不挨着浏览器的边缘。两个相邻的 column 的内容之间则有 30 px 的间距。

7.3.2　栅格系统的其他用法

1. 列偏移

不想让两个相邻的列挨在一起，可以使用栅格系统中列偏移功能来实现。其类为：.col-xs-offset-*、.col-sm-offset-*、.col-md-offset-*、.col-lg-offset-*，其中 * 为数字，表示向右偏移的列数，其值不能大于 12。同时，这里也需要注意偏移列和显示列综合不能超过 12，如果超过 12，则换到下一行。

🖉【示例 7.3】列偏移

```
<!DOCTYPE html>
<html>
    <head lang="en">
        <meta charset="UTF-8">
        <title>Bootstrap 列偏移</title>
        <meta name="viewport"content="width=device-width, user-scalable=no,
initial-scale=1.0, maximum-scale=1.0, minimum-scale=1.0"/>
        <link rel="stylesheet" href="css/bootstrap.min.css"/>
        <style>
            body {
                margin-top: 20px;
                color: black;
            }


            .container {
                outline: 1px solid black;
            }
```

```
    .row div {
        background: #ccc;
    }
    </style>
</head>
<body>
    <div class="container">
        <div class="row">
            <div class="col-md-1">col-md-1</div>
            <div class="col-md-1">col-md-1</div>
            <div class="col-md-1">col-md-1</div>
            <div class="col-md-4 col-md-offset-4">col-md-1 col-md-offset-4</div>
        </div>
        <br/>

        <div class="row">
            <div class="col-md-4 col-md-offset-4">col-md-4 col-md-offset-4</div>
        </div>
        <br/>

        <div class="row">
            <div class="col-md-6 col-md-offset-6">col-md-6 col-md-offset-6</div>
        </div>
    </div>

    </body>
</html>
```

打开浏览器运行效果如图 7.8 所示。

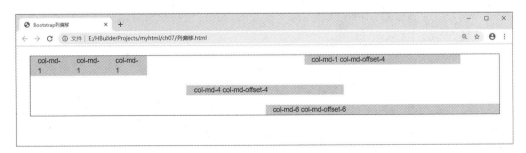

图 7.8　列偏移的效果

2. 列排序

列排序其实就是改变列的方向，也就是改变左右浮动，并设置浮动的距离。在栅格系统中，可以通过 .col–X–push–* 和 .col–X–pull–* 实现这一目的。其中，col–X–push–* 是向右浮动，col–X–pull–* 是向左浮动。例如以下代码：

```
<div class="row">
    <div class="col-md-9 col-md-push-3">.col-md-9 .col-md-push-3</div>
    <div class="col-md-3 col-md-pull-9">.col-md-3 .col-md-pull-9</div>
</div>
```

3. 列嵌套

栅格系统支持列的嵌套，即在一个列中再声明一个或多个行。注意，内部所嵌套的行的宽度为 100%，就是当前外部列的宽度。例如以下代码：

```
<div class="row">
    <div class="col-md-9">Level 1: .col-md-9
        <div class="row">
          <div class="col-md-6"> Level 2: .col-md-6</div>
          <div class="col-md-6">Level 2: .col-md-6</div>
        </div>
    </div>
    <div class="col-md-3"></div>
</div>
```

7.4　CSS 全局样式

……●视　频
Bootstrap 的全局 CSS 样式

CSS 全局样式又称 CSS 布局，它是 Bootstrap 三大核心内容的基础，即基础的布局语法。其包括：基础排版（Typography）、表单（Forms）、按钮（Buttons）、图片（Images）等。

7.4.1　基础排版

1. 标题

Bootstrap 为传统的标题 h1~h6 重新定义了标准的样式，使得在所有浏览器下显示效果都一样。其样式特点如表 7.1 所示

表 7.1　标题样式特点

元　素	字体大小	计算比例	其　他
h1	36 px	14 px × 2.60	
h2	30 px	14 px × 2.15	margin-top:20px; margin-bottom:10px;
h3	24 px	14 px × 1.70	

元　素	字体大小	计算比例	其　他
h4	18 px	14 px × 1.25	
h5	14 px	14 px × 1.00	margin-top:10px; margin-bottom:10px;
h6	12 px	14 px × 0.85	

标题的使用代码如下：

```
<h1>h1. Bootstrap heading</h1>
<h2>h2. Bootstrap heading</h2>
<h3>h3. Bootstrap heading</h3>
<h4>h4. Bootstrap heading</h4>
<h5>h5. Bootstrap heading</h5>
<h6>h6. Bootstrap heading</h6>
```

显示效果如图 7.9 所示

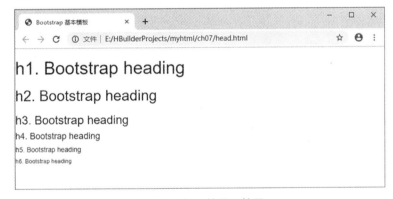

图 7.9　标题的显示效果

2. 页面主体

Bootstrap 将全局 font-size 设置为 14 px，line-height 设置为 1.428。这些属性直接赋予 <body> 元素和所有段落元素。另外，<p>（段落）元素还被设置了等于 1/2 行高（即 10 px）的底部外边距（margin）。

通过添加 .lead 类可以让段落突出显示，例如以下代码：

```
<p class="lead">...</p>
```

3. 文本对齐方式

Bootstrap 提供了 .text-left、.text-right、.text-center、.text-justify、.text-nowrap 等文本对齐类，可以简单方便地将文字重新对齐。

例如对齐的示例代码如下：

```html
<p class="text-left"> 左对齐文本 </p>
<p class="text-center"> 居中文本 </p>
<p class="text-right"> 右对齐文本 </p>
<p class="text-justify"> 两段对齐文本 </p>
<p class="text-nowrap"> 不换行文本 </p>
```

7.4.2　表格

通过给 \<table\> 元素应用样式类 .table 可以为其赋予基本表格样式，表现为少量的内边距（padding）和水平方向的分隔线。

基本表格的用法如下：

```html
<table class="table">
    ...
</table>
```

通过给 \<table\> 元素应用样式类 .table-striped 可以让表格中 \<tbody\> 元素内的每一行增加斑马条纹样式。用法如下：

```html
<table class="table-striped">
    ...
</table>
```

通过给 \<table\> 元素应用样式类 .table-bordered 可以为表格和其中的每个单元格增加边框。用法如下：

```html
<table class="table-bordered">
    ...
</table>
```

通过给 \<table\> 元素应用样式类 .table-hover 可以让表格中 \<tbody\> 元素内的每一行对鼠标悬停状态作出响应。用法如下：

```html
<table class="table-hover">
    ...
</table>
```

通过给 \<table\> 元素应用样式类 .table-condensed 可以让表格更加紧凑，单元格中的内边距（padding）均会减半。用法如下：

```html
<table class="table-condensed">
    ...
</table>
```

Bootstrap 为表格提供了五种状态的样式类，通过这些状态类可以为表格中的行或单元格设置不同的背景颜色。

◆ .active：标识当前活动的信息，应用鼠标悬停颜色。

◆ .success：表示一个成功的或积极的动作，应用绿色。

◆ .info：表示普通中立行为，应用蓝色。

◆ .warning：表示一个需要注意的警告，应用黄色。

◆ .danger：表示一个危险的或潜在的负面动作，应用红色。

通过给 <table> 元素应用样式类 .table–responsive 可以创建响应式表格。响应式表格会在小屏幕设备上（小于 768 px）水平滚动，当屏幕大于 768 px 宽度时水平滚动条消失。响应式表格示例代码如下：

```
<div class="table-responsive">
    <table class="table table-striped">
        ...
    </table>
</div>
```

7.4.3 按钮

Bootstrap 为按钮提供了一个基本样式类 .btn，所有按钮元素都使用它。此外，还提供了一些预定义样式类用来定义不同风格的按钮。

◆ .btn-default：默认的 / 标准的按钮。

◆ .btn-primary：提供额外的视觉效果，标识一组按钮中的原始动作。

◆ .btn-success：表示一个成功的或积极的动作。

◆ .btn-info：信息警告消息的上下文按钮。

◆ .btn-warning：表示应谨慎采取的动作。

◆ .btn-danger：表示一个危险的或潜在的负面动作。

◆ .btn-link：并不强调是一个按钮，看起来像一个链接，但同时保持按钮的行为。

按钮的使用代码如下：

```
<button type="button" class="btn btn-default">默认样式按钮</button>
<button type="button" class="btn btn-primary">原始按钮</button>
<button type="button" class="btn btn-success">成功按钮</button>
<button type="button" class="btn btn-info">信息按钮</button>
<button type="button" class="btn btn-warning">警告按钮</button>
<button type="button" class="btn btn-danger">危险按钮</button>
<button type="button" class="btn btn-link">链接按钮</button>
```

在浏览器中的效果如图 7.10 所示

图 7.10　按钮的效果

通过给按钮 <button> 元素应用样式类 .btn-lg、.btn-sm 或 .btn-xs 可以获得不同尺寸的按钮。
设置代码如下：

```
<button type="button" class="btn btn-default btn-lg">大按钮</button>
<button type="button" class="btn btn-default btn-sm">小按钮</button>
<button type="button" class="btn btn-default btn-xs">超小按钮</button>
```

通过给按钮 <button> 元素应用样式类 .btn-block 可以将按钮拉伸至其父元素 100% 的宽度，
同时该按钮变为了块级元素。设置代码如下：

```
<button type="button" class="btn btn-primary btn-lg btn-block">块级按钮
</button>
```

当按钮处于激活状态时，它表现为被按压下去的样式（底色更深、边框颜色更深、向内投
射阴影）。通过给 <button> 元素应用样式类 .active 可以实现这一效果。

当一个按钮被禁用时，它的颜色会变淡 50%，并失去渐变，呈现出无法单击的效果。对于
<button> 元素，可以为其添加 disabled 属性实现这一效果，对于 <a> 元素则可以通过应用样式
类 .disabled 实现。

7.4.4　图像

通过给图片 <img> 元素应用样式类 .img-responsive 可以让图片支持响应式布局。其实质
是为图片设置了 max-width: 100%; 和 height: auto; 的属性，从而让图片在其父元素中能够更好
地缩放。

通过给图像 <img> 元素应用下面几个样式类，可以让图像呈现出不同的形状。

◆ img-rounded：添加 border-radius:6px ; 获得图像圆角。

◆ img-circle：添加 border-radius:500px ; 让整个图像变成圆形。

◆ img-thumnail：添加一些内边距（padding）和一个灰色的边框，图像呈现缩略图样式。

例如以下代码：

```
<img src="img/pic.jpg" alt=" 圆角 " class="img-rounded" />
<img src="img/pic.jpg" alt=" 圆形 " class="img-circle" />
<img src="img/pic.jpg" alt=" 缩略图样式 " class="img-thumbnail" />
```

在浏览器中的显示效果如图 7.11 所示。

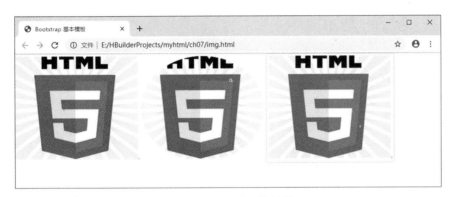

图 7.11　设置图片形状的效果

7.4.5　表单

在 Bootstrap 框架中，单独的表单控件会自动赋予全局样式，但是，Bootstrap 定制了一个类 form-control，对表单元素做了特殊处理，将会实现一些设计上的定制效果：

（1）宽度变成了 100%；

（2）设置了一个浅灰色（#ccc）的边框；

（3）具有 4 px 的圆角；

（4）设置阴影效果，并且元素得到焦点之时，阴影和边框效果会有所变化；

（5）设置了 placeholder 的颜色为 #999。

基本的表单结构是 Bootstrap 自带的，个别表单控件自动接收一些全局样式。下面列出了创建基本表单的步骤：

（1）向父 <form> 元素添加 role="form"。

（2）把标签和控件放在一个带有 class= "form- group " 的 <div> 中。这是获取最佳间距所必需的。

（3）向所有文本元素 <input>、<textarea> 或 <select> 添加 class ="form-control"。

📎【示例 7.4】基本表单的使用

```
<!DOCTYPE html>
<html>

    <head lang="en">
        <meta charset="utf-8">
```

```
        <meta http-equiv="X-UA-Compatible" content="IE=edge">
        <meta name="viewport" content="width=device-width, initial-scale=1">
        <title>Bootstrap 基本模板</title>
        <!-- Bootstrap CSS-->
        <link href="css/bootstrap.min.css" rel="stylesheet">
    </head>

    <body>
        <div class="container">
            <form>
                <div class="form-group">
                    <label for="exampleInputEmail1">Email address</label>
                    <input type="email" class="form-control" id="example
Input Email1" placeholder="Email">
                </div>
                <div class="form-group">
                    <label for="exampleInputPassword1">Password</label>
                    <input type="password" class="form-control" id="exampleInput
Password1" placeholder="Password">
                </div>
                <div class="form-group">
                    <label for="exampleInputFile">File input</label>
                    <input type="file" id="exampleInputFile">
                    <p class="help-block">Example block-level help text here.</p>
                </div>
                <div class="checkbox">
                    <label>
                        <input type="checkbox"> Check me out
                    </label>
                </div>
                <button type="submit" class="btn btn-default">Submit</button>
            </form>
        </div>
        <!-- 如果要使用 Bootstrap 的 JS 插件, 必须引入 jQuery -->
        <script src="js/jquery-1.12.4.js"></script>
        <!-- Bootstrap 的 JS 插件 -->
        <script src="js/bootstrap.min.js"></script>
    </body>

</html>
```

在浏览器中的显示效果如图 7.12 所示。

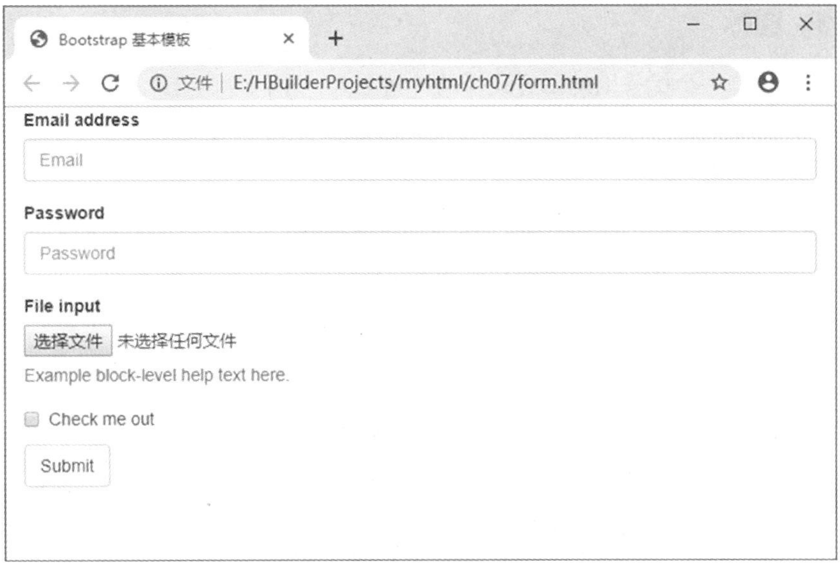

图 7.12　表格的效果图

页面中使用了 2 个 input 标签，宽度占据了 100%，并且使用了圆角，输入框边框有阴影效果。

Bootstrap 提供了 3 种类型的表单布局：垂直表单（默认）、内联表单和水平表单。从图 7.12 可以看到，label 标签中的内容和输入框不在同一行，Bootstrap 表单元素默认是垂直的，即垂直表单。

如果需要将 <form> 或者容器中的表单元素显示在同一行，就要用到内联表单。Bootstrap 提供了 class= "form-inline"，用以实现这一效果。

向 <form> 标签添加 class= "form-inline" 即可创建内联表单。

水平表单与其他表单不仅标记的数量上不同，而且表单的呈现形式也不同。

示例 7.4 中，如果要将标签 label 和输入框显示在同一行，则需要使用 class= "form-horizontal "。创建水平表单的几个步骤如下：

（1）向父 <form> 元素添加 class= "form-horizontal"。

（2）把标签和控件放在一个带有 class= "form-group" 的 <div> 中。

（3）向标签添加 class= "control-label"。

该类可以联合 Bootstrap 中的栅格系统同时使用，这时 class= "form- group " 就相当于栅格系统中的 class= "row"。

7.5　Bootstrap 组件

Bootstrap 组件是 Bootstrap 框架的核心之一。可以利用 Bootstrap 组件构建出绚丽的页面。常用组件包括：Icon 图标（Glyphicon）、下拉菜单（Dropdown）、输入框（Input group）、导航（Nav）、导航条（Navbar）、缩略图（Thumbnail）、媒体对象（Media object）、列表组（Listgroup）、分页导航（Pagination）。

7.5.1 图标

图标（icon）是一个优秀网站不可缺少的一组元素，小图标的点缀可以使网站瞬间提升一个档次。Bootstrap 提供了 250 种小图标，这些小图标可以作用在内联元素上，给网页增加更多活力。

📎【示例 7.5】小图标的使用

（1）在项目中添加 Bootstrap 的字体文件，如图 7.13 所示

图 7.13　字体文件

（2）在页面中使用字体图标，代码如下：

```html
<!DOCTYPE html>
<html>

    <head lang="en">
        <meta charset="utf-8">
        <meta name="viewport"content="width=device-width, user-
scalable=no, initial-scale=1.0, maximum-scale=1.0, minimum-scale=1.0" />
        <title>小图标的使用</title>
        <link href="css/bootstrap.css" rel="stylesheet">
<style>
        body {
            margin-top: 10px;
        }

        .text {
            display: block;
        }

        .mylist {
            height: 42px;
            background: rgba(244, 243, 254, 0.69);
            border: 1px solid #CCCCCC;
        }
```

```
        </style>
    </head>


    <body>
        <div class="container">
            <div class="row text-center mylist">
                <div class="col-xs-3">
                    <span class="glyphicon glyphicon-home"></span>
                    <span class="text">首页 </span>
                </div>
                <div class="col-xs-3">
                    <span class="glyphicon glyphicon-zoom-in"></span>
                    <span class="text">服务 </span>
                </div>
                <div class="col-xs-3">
                    <span class="glyphicon glyphicon-gift"></span>
                    <span class="text">商品 </span>
                </div>
                <div class="col-xs-3">
                    <span class="glyphicon glyphicon-user"></span>
                    <span class="text">我的 </span>
                </div>
            </div>
        </div>
    </body>

</html>
```

在浏览器中的显示效果如图 7.14 所示。

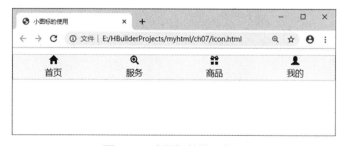

图 7.14　小图标的使用效果

7.5.2　下拉菜单

一个基本下拉菜单由触发按钮和下拉列表构成。例如以下代码：

```
<div class="dropdown">
    <button class="btn btn-default dropdown-toggle" type="button"
id="dropdownMenu1" data-toggle="dropdown">
        WEB 标准
      <span class="caret"></span>
    </button>
    <ul class="dropdown-menu" aria-labelledby="dropdownMenu1">
        …
    </ul>
</div>
```

在浏览器中的显示效果如图 7.15 所示。

默认情况下，下拉菜单自动沿着父元素的上沿和左侧被定位为 100% 宽度。为下拉列表 <ul> 元素添加 .dropdown-menu-right 类可以让菜单右对齐，若添加 .dropdown-menu-left 类则可以让菜单左对齐（默认方式）。

通过给下拉菜单的列表选项 <li> 元素应用 .dropdown-header 类可以在列表中添加标题来标明一列选项，应用 .divider 类可以添加分隔线将链接分组。

图 7.15　下拉菜单效果

为下拉菜单中的 <li> 元素添加 .disabled 类，可以禁用相应的菜单项。

7.5.3　按钮组

基本按钮组是通过使用一个 <div> 容器元素包裹多个 .btn 按钮，并且给它应用 .btn-group 类就可以创建一个按钮组。实现代码如下：

```
<div class="btn-group" role="group" aria-label="group">
    <button type="button" class="btn btn-default"> 按钮 1</button>
    <button type="button" class="btn btn-default"> 按钮 2</button>
    <button type="button" class="btn btn-default"> 按钮 3</button>
</div>
```

在浏览器中的显示效果如图 7.16 所示。

按钮组的其他用法说明如下：

（1）把一组 <div class="btn-group"> 组合进一个 <div class="btn-toolbar"> 中就可以生成更复杂的组件，即按钮工具栏。

图 7.16　基本按钮组的效果图

（2）通过给按钮组的 <div> 元素应用类 .btn-group-lg、.btn-group-sm 或 .btn-group-xs 可以定义按钮组的尺寸。

（3）一个按钮组可以嵌套另一个按钮组。如果想让下拉菜单与一系列按钮组合使用，这种方式就会被用到。

（4）将按钮组 <div> 元素的 .btn-group 类替换为 .btn-group-vertical 类可以让一组按钮垂直堆叠排列显示而不是水平排列。

（5）通过给按钮组 <div> 元素添加 .btn-group-justified 类可以让一组按钮拉长为相同的尺寸，并填满其父元素的宽度。

7.5.4　导航

1. 选项卡导航

通过给列表 <ul> 元素使用 .nav-tabs 修饰类可以创建选项卡导航。实现代码如下：

```
<ul class="nav nav-tabs">
    <li role="presentation" class="active"><a href="#"> 首页 </a></li>
    <li role="presentation"><a href="#">HTML</a></li>
    <li role="presentation"><a href="#">CSS</a></li>
</ul>
```

上述代码在浏览器中的显示效果如图 7.17 所示

图 7.17　选项卡导航

2. 胶囊式导航

通过给列表 <ul> 元素使用 .nav-pills 修饰类可以创建胶囊式导航。实现代码如下：

```
<ul class="nav nav-pills">
    <li role="presentation" class="active"><a href="#"> 首页 </a></li>
    <li role="presentation"><a href="#">HTML</a></li>
    <li role="presentation"><a href="#">CSS</a></li>
</ul>
```

上述代码在浏览器中的显示效果如图 7.18 所示

图 7.18　胶囊式导航

3. 两端对齐的导航

当屏幕宽度大于 768 px 时，通过给列表 <ul> 元素使用类 .nav-justified 可以让标签式导航或胶囊式导航与父元素等宽。在更小的屏幕上，导航链接会堆叠显示。

4. 禁用的链接

对任何导航组件中的某个链接选项 <li> 元素都可以应用类 .disabled，从而实现链接显示为灰色且没有鼠标悬停效果（禁用了该链接的 :hover 状态）。

5. 带有下拉菜单的导航

向导航中的链接选项 <li> 元素添加下拉菜单插件即可创建带有下拉菜单的导航。

7.5.5　导航栏

导航条是网站中作为导航页头的响应式基础组件。它们在移动设备上可以折叠（并且可开可关），会随着浏览器宽度增加而逐渐变为水平展开模式。

所有导航栏内容被包裹在一个 <nav> 元素中，给 <nav> 应用类 .navbar、.navbar-default，即可生成一个默认样式的导航栏。注意如果这里使用的不是 <nav> 而是 <div> 元素的话，应该为导航栏设置 role="navigation" 属性，这样能够让使用辅助设备的用户明确知道这是一个导航区域。

📎【示例 7.6】导航条的使用

```
<!DOCTYPE html>
<html>

  <head lang="en">
    <meta charset="utf-8">
    <meta http-equiv="X-UA-Compatible" content="IE=edge">
    <meta name="viewport" content="width=device-width, initial-scale=1">
    <title>Bootstrap 基本模板</title>
    <!-- Bootstrap CSS-->
    <link href="css/bootstrap.min.css" rel="stylesheet">
  </head>

  <body>
    <!-- <div class="container"> -->
    <nav class="navbar navbar-default" role="navigation">
      <div class="navbar-header">
        <a href="#" class="navbar-brand">LOGO</a>
      </div>
      <ul class="nav navbar-nav ">
        <li class="active"><a href="#"> 主页 </a></li>
        <li><a href="#"> 视频 </a></li>
        <li><a href="#"> 图片 </a></li>
      </ul>
```

```
    </nav>
    <!-- </div> -->
    <!-- 如果要使用 Bootstrap 的 JS 插件，必须引入 jQuery -->
    <script src="js/jquery-1.12.4.js"></script>
    <!-- Bootstrap 的 JS 插件 -->
    <script src="js/bootstrap.min.js"></script>
  </body>

</html>
```

在浏览器中的，显示效果如图 7.19 所示。

图 7.19　导航条

如果在导航中加入如下表单的代码：

```
<nav class="navbar navbar-default" role="navigation" >
  <!-- 此处省略了导航的内容 -->
  <form class="navbar-form  navbar-right" role="search">
    <div class="form-group">
        <input type="text" class="form-control" placeholder="Search">
    </div>
    <button type="submit" class="btn btn-primary">搜索 </button>
  </form>
</nav>
```

在浏览器中的显示效果如图 7.20 所示。

图 7.20　有表单的导航

导航条中，还可以引入文本（navbar-text）、按钮（navbar-btn）和普通链接（navbar-link），代码如下：

```
<div class="nav navbar-nav">
    <button class="btn btn-default navbar-btn">button</button>
    <button class="btn bg-primary navbar-text">button</button>
    <button class="btn btn-success navbar-link">button</button>
</div>
```

前面的导航栏都是在宽屏（屏幕宽带 >768px）的情况下展示的，在移动设备等较窄的视口上使用还必须给导航栏添加响应式功能。响应式导航栏在大屏幕下正常显示，在小屏幕中所有导航栏元素隐藏在一个折叠菜单中，通过触发按钮可以控制菜单项的显示与隐藏。

【示例 7.7】响应式导航栏的实现

```
<!DOCTYPE html>
<html>

    <head lang="en">
        <meta charset="utf-8">
        <meta name="viewport"
        content="width=device-width, user-scalable=no, initial-scale=1.0,
maximum-scale=1.0, minimum-scale=1.0" />
        <title> 响应式导航条 </title>
        <link href="css/bootstrap.css" rel="stylesheet">
        <style>
            @media (max-width: 768px) {
                form {
                  display: none;
                }
            }
        </style>
    </head>

    <body>
        <nav class="nav navbar-inverse" style="padding-right: 20 px">
            <div class="navbar-header">
                <!--navbar-toggle 样式用于 toggle 收缩的内容，即 nav-collapse collapse
样式所在的元素 -->
                <button class="navbar-toggle" data-toggle="collapse" data-
target=".navbar-collapse">
                    <span class="icon-bar"></span>
                    <span class="icon-bar"></span>
```

```
            <span class="icon-bar"></span>
            <span class="icon-bar"></span>
        </button>
        <!-- 确保无论在宽屏还是窄屏，navbar-brand 都会显示 -->
        <a href="#" class="navbar-brand">LOGO</a>
    </div>
    <!-- 屏幕宽度小于768px 时，该div 内的内容默认都会隐藏（通过单击icon-bar 所在的图标，可以展开），大于768px 时默认显示 -->
        <div class="collapse navbar-collapse navbar-left">
            <ul class="nav navbar-nav «>
                <li><a class="active" href="#"> 首页 </a></li>
                <li><a href="#"> 图片 </a></li>
                <li><a href="#"> 音乐 </a></li>
                <li><a href="#"> 视频 </a></li>
                <li><a href="#"> 关于我们 </a></li>
            </ul>
        </div>
        <form class="navbar-form navbar-right" role="search">
            <div class="form-group">
                <input type="text" class="form-control" placeholder="Search">
            </div>
            <button type="submit" class="btn btn-default">搜索 </button>
        </form>
    </nav>

    <script src="js/jquery-1.12.4.js"></script>
    <script src="js/bootstrap.js"></script>
</body>

</html>
```

在浏览器宽屏时菜单显示效果如图 7.21 所示。

图 7.21　响应式菜单宽屏显示效果

当浏览器宽度缩小后，菜单会隐藏，单击折叠图标展示所有菜单项，如图 7.22 所示。

图 7.22　在窄屏上显示菜单

7.5.6　缩略图

将图片 <img> 元素包裹在带有 .thumbnail 类的链接 <a> 元素中即可以创建一个缩略图。缩略图会添加四个像素的内边距（padding）和一个灰色的边框，当鼠标悬停在图像上时会动画显示出图像的轮廓。

📎【示例 7.8】缩略图的使用

```
<div class="row">
    <div class="col-lg-3 col-md-4 col-sm-6 col-xs-12">
        <div class="thumbnail">
            <img src="img/case1.jpg" alt="">
            <div class="caption">
                <h4>中国移动通信</h4>
                <p>参与了本机构的总裁管理培训课程，学员反馈意见良好。</p>
            </div>
        </div>
    </div>
    <div class="col-lg-3 col-md-4 col-sm-6 col-xs-12">
        <div class="thumbnail">
            <img src="img/case2.jpg" alt="">
            <div class="caption">
                <h4>中国石化</h4>
                <p>参与了本机构的总裁管理培训课程，学员反馈意见良好。</p>
```

```
            </div>
        </div>
    </div>
    <div class="col-lg-3 col-md-4 col-sm-6 col-xs-12">
        <div class="thumbnail">
            <img src="img/case3.jpg" alt="">
            <div class="caption">
                <h4>中国联通</h4>
                <p>参与了本机构的总裁管理培训课程，学员反馈意见良好。</p>
            </div>
        </div>
    </div>
    <div class="col-lg-3 col-md-4 col-sm-6 col-xs-12">
        <div class="thumbnail">
            <img src="img/case4.jpg" alt="">
            <div class="caption">
                <h4>中国电信</h4>
                <p>参与了本机构的总裁管理培训课程，学员反馈意见良好。</p>
            </div>
        </div>
    </div>
</div>
```

示例 7.8 在浏览器中的显示效果如图 7.23 所示。

图 7.23　缩略图

实践任务

任务 1　企业网站首页设计
【需求说明】
首页部分分为响应式导航、轮播图，如图 7.24 所示。

图 7.24 导航与轮播图

内容介绍部分如图 7.25 所示。

图 7.25 内容介绍部分

底部版权部分如图 7.26 所示。

图 7.26 底部版权部分

【实现思路】

（1）制作头部菜单。

（2）制作轮播图。

（3）完成内容介绍部分。

（4）制作底部版权部分。

【参考代码】

（1）响应式导航的代码：

```
<nav class="navbar navbar-default navbar-fixed-top">
    <div class="container">
        <div class="navbar-header">
            <a href="index.html" class="navbar-brand logo"><img src="img/
logo.png" alt="DOIT 企训网 " class="logoimg"></a>
            <button type="button" class="navbar-toggle" data-toggle="collapse"
data-target="#navbar-collapse">
                <span class="icon-bar"></span>
                <span class="icon-bar"></span>
                <span class="icon-bar"></span>
            </button>
        </div>
        <div class="collapse navbar-collapse" id="navbar-collapse">
            <ul class="nav navbar-nav navbar-right">
                <li class="active"><a href="index.html"><span class="glyphicon
glyphicon-home"></span> 首页 </a></li>
                <li><a href="information.html"><span class="glyphicon glyphicon-
list"></span> 资讯 </a></li>
                <li><a href="case.html"><span class="glyphicon glyphicon-fire">
</span> 案例 </a></li>
                <li><a href="about.html"><span class="glyphicon glyphicon-question-
sign"></span> 关于 </a></li>
            </ul>
        </div>
    </div>
</nav>
```

（2）轮播图的代码：

```
<div id="myCarousel" class="carousel slide">
    <ol class="carousel-indicators">
        <li data-target="#myCarousel" data-slide-to="0" class="active"></li>
        <li data-target="#myCarousel" data-slide-to="1"></li>
        <li data-target="#myCarousel" data-slide-to="2"></li>
    </ol>
    <div class="carousel-inner">
        <div class="item active" style="background:#223240">
            <img src="img/img1.jpg" alt=" 第一张 ">
        </div>
        <div class="item" style="background:#F5E4DC;">
```

```
            <img src="img/img2.jpg" alt=" 第二张 ">
        </div>
        <div class="item" style="background:#DE2A2D;">
            <img src="img/img3.jpg" alt=" 第三张 ">
        </div>
        <!-- <div style="background:#eee;">
        <img src="img/slide.png" alt=" 第三张 ">
    </div> -->
    </div>
    <a href="#myCarousel" data-slide="prev" class="carousel-control left">
        <span class="glyphicon glyphicon-chevron-left"></span>
    </a>
    <a href="#myCarousel" data-slide="next" class="carousel-control right">
        <span class="glyphicon glyphicon-chevron-right"></span>
    </a>
  </div>
```

（3）主要内容介绍的代码：

```
<div class="tab2">
    <div class="container">
        <div class="row">
            <div class="col-md-6 col-sm-6 tab2-img">
                <img src="img/tab2.png" class="auto img-responsive center-block"
alt="">
            </div>
            <div class="text col-md-6 col-sm-6 tab2-text">
                <h3> 强大的学习体系 </h3>
                <p> 借鉴国内国际优秀中学课程，辅导英语试题。</p>
            </div>
        </div>
    </div>
</div>


<div class="tab3">
    <div class="container">
        <div class="row">
            <div class="col-md-6 col-sm-6">
                <img src="img/tab3.png" class="auto img-responsive center-
block" alt="">
            </div>
```

```
        <div class="text col-md-6 col-sm-6">
            <h3> 完美的教学方式 </h3>
            <p> 借鉴国外教学体系，培训学生提前适应国外生活。</p>
        </div>
    </div>
</div>
```

（4）底部版权的代码：

```
<footer id="footer">
    <div class="container">
        <p> 企业培训 | 合作事宜 | 版权投诉 </p>
        <p> 鄂 ICP 备 88888888. © 2019-2025 DOIT 培训网 . Powered by Bootstrap.</p>
    </div>
</footer>
```

任务2　企业网站资讯页设计

【需求说明】

资讯页包含头部导航，版块介绍，资讯列表和热门资讯，效果如图 7.27 所示。

图 7.27　企业资讯页

当浏览器窗体宽度变小时，响应式菜单缩起，热门资讯隐藏，如图 7.28 所示。

图 7.28　响应式的资讯页

【实现思路】

（1）制作版块介绍。

（2）制作资讯列表。

（3）制作热门资讯。

【参考代码】

版块介绍的代码如下：

```
<div class="jumbotron">
    <div class="container">
        <hgroup>
            <h1> 资讯 </h1>
            <h4> 英语培训与考试的最新动态、资源等 ...</h4>
        </hgroup>
    </div>
</div>
```

资讯列表的代码如下：

```
<div id="information">
    <div class="container">
        <div class="row">
            <div class="col-md-8">
                <div class="container-fluid" style="padding:0;">
                    <div class="row info-content">
                        <div class="col-md-5 col-sm-5 col-xs-5">
                            <img src="img/info1.jpg" class="img-responsive" alt="">
                        </div>
                        <div class="col-md-7 col-sm-7 col-xs-7">
                            <h4>广电总局发布 TVOS2.0 华为阿里参与研发</h4>
                            <p class="hidden-xs">
                            TVOS2.0 是在 TVOS1.0 与华为 MediaOS 及阿里巴巴 YunOS 融合
的基础上，打造的新一代智能电视操作系统。华为主要承担开发工作，内置的电视购物商城由阿里方面
负责。</p>
                            <p>admin 2020-11-11</p>
                        </div>
                    </div>
                    <div class="row info-content">
                        <div class="col-md-5 col-sm-5 col-xs-5">
                            <img src="img/info2.jpg" class="img-responsive" alt="">
                        </div>
                        <div class="col-md-7 col-sm-7 col-xs-7">
                            <h4>苏宁启动全国泡水家电免费上门检测</h4>
                            <p class="hidden-xs">入夏以来，全国多地现出现破纪录强降水，
江西、安徽、湖南、湖北等多地汛情严重。2020 年 7 月 16 日，苏宁发布"战汛六条"政策，表示将联合
各地政府、各方品牌，持续集结家乐福、拼购、物流、直播等全渠道力量，共同抗汛。</p>
                            <p>admin 19 / 10 / 11</p>
                        </div>
                    </div>
                </div>
            </div>
            <div class="col-md-4 info-right hidden-xs hidden-sm">
                <blockquote>
                    <h2>热门资讯</h2>
                </blockquote>
                <div class="container-fluid">
                    <div class="row">
                        <div class="col-md-5 col-sm-5 col-xs-5" style="margin:
12px 0; padding: 0">
```

```
                                    <img src="img/info2.jpg" class="img-responsive" alt="">
                                </div>
                                <div class="col-md-7 col-sm-7 col-xs-7" style=
"padding-right: 0">
                                    <h4>金立全面屏M7曝光三星AMOLED来加持</h4>
                                    <p>admin 2020-11-11</p>
                                </div>
                            </div>
                            <div class="row">
                                <div class="col-md-5 col-sm-5 col-xs-5" style="margin:
12px 0; padding: 0">
                                    <img src="img/info1.jpg" class="img-responsive" alt="">
                                </div>
                                <div class="col-md-7 col-sm-7 col-xs-7" style="padding-
right: 0">
                                    <h4>广电总局发布TVOS2.0 华为阿里参与研发</h4>
                                    <p>admin 2020-11-11</p>
                                </div>
                            </div>
                            <div class="row">
                                <div class="col-md-5 col-sm-5 col-xs-5" style="margin:
12px 0; padding: 0">
                                    <img src="img/info3.jpg" class="img-responsive" alt="">
                                </div>
                                <div class="col-md-7 col-sm-7 col-xs-7" style="padding-
right: 0">
                                    <h4>六家互联网公司发声明抵制流量劫持等违法行为</h4>
                                    <p>admin 2020-11-11</p>
                                </div>
                            </div>
                        </div>
                    </div>
                </div>
            </div>
        </div>
```

▌小　结

　　本章主要讲解了响应式页面设计的框架 Bootstrap，包括框架的引用、栅格系统、CSS 全局样式、组件等内容。思维导图如下所示。

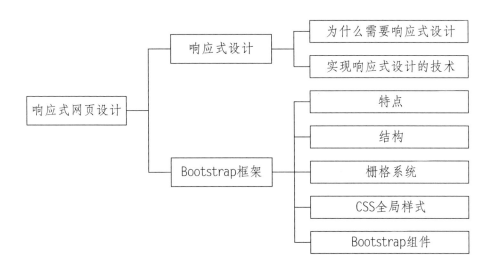

习　题

一、选择题

1. 在 Bootstrap 中，可以使用 .navbar-header 类的情况是（　　）。

　　A. 为导航栏添加头部　　　　　　　　　　B. 为导航栏添加一个标题

　　C. 为整个页面添加头部　　　　　　　　　　D. 为整个页面添加一个标题

2. 在 Bootstrap 中，用于表示一个按钮被点击状态的类是（　　）。

　　A. disabled 类　　　　B. btn-close 类　　　　C. btn-block 类　　　　D. active 类

3. 下列选项中，可以用来修改导航条的默认样式的是（　　）。

　　A.navbar-default 类　　　　　　　　　　　　B.nav 类

　　C.navbar-header 类　　　　　　　　　　　　D.navbar-brand 类

4. 下列选项中，Bootstrap 的 CSS 不包括的内容是（　　）。

　　A. 全局的 CSS 设置　　　　　　　　　　B. 让低版本的浏览器支持 HTML5 元素

　　C. 定义基本的 HTML 元素样式　　　　　　D. 可扩展的 class

5. 在 Bootstrap 中，为按钮添加基本样式的类是（　　）。

　　A. btn-default 类　　　　B. btn-info 类　　　　C. btn-primary 类　　　　D. btn 类

6. 下列选项中，用于设置100% 宽度，占据全部视口（viewport）的容器代码正确的是（　　）。

　　A.<div class="container"> ...</div>

　　B.<div class=".container-fluid "> ...</div>

　　C.<div id="container"> ...</div>

　　D.<div id=".container-fluid "> ...</div>

7. 在 Bootstrap 中，用于表示一个危险动作的按钮操作的类是（　　）。

　　A. disabled 类　　　　B. btn-warning 类　　　　C. btn-danger 类　　　　D. btn 类

8. Bootstrap 栅格系统中，大于多少列需要另起一行（　　）。

A. 5　　　　　　　　B. 10　　　　　　　　C. 12　　　　　　　　D. 8

9. 当网页中某个模块需要居中显示，网页两边留白时使用（　　）容器类。

A. container-fluid　　　B. container-center　　C. container　　　　D. center

10. 在 Bootstrap 中，如果需要在大屏幕（≥ 1 200 px）的设备上显示某个控件，可以使用的类是（　　）。【多选】

A. hidden-xs　　　　B. hidden-lg　　　　C. hidden-md　　　　D. visible-xs-*

二、简答题

1. 简述 Bootstrap 包中提供了哪些内容以及它们的作用。

2. 简述 Bootstrap 的特点。

第8章
网页脚本编程

本章简介

　　HTML 是一种标记语言，它只能定义内容的表现形式，不具备逻辑性，也不能够制作动态显示效果的页面，不具备与用户交互的能力。本章将讲解 JavaScript 语言的基本语法，包括变量、数据类型及控制语句等网页脚本编程基础，还讲解浏览器对象模型和文档对象模型，学习如何使用 window 对象制作弹出窗口、动态改变页面背景颜色以及动态增加、删除页面节点等效果，本章最后还介绍了 jQuery 库，通过 jQuery 可以编写少量代码就能实现很多复杂的功能。

学习目标

- ◆ 掌握 JavaScript 语言的基本语法
- ◆ 理解浏览器对象模型
- ◆ 理解文档对象模型
- ◆ 掌握使用 document 对象访问页面元素
- ◆ 了解 jQuery 框架的使用

实践任务

- ◆任务　论坛发帖页面设计

8.1 JavaScript 概述

视频

JavaScript 概述

视频

JavaScript 语法

8.1.1 JavaScript 简介

HTML 是用于制作静态页面的标记语言。使用 HTML 制作的页面内容和形式比较呆板，不能够与用户进行交互，也无法给客户端带来强烈的体验效果。

Netscape 公司在 1995 年发布了 JavaScript 脚本语言，用于减轻服务器压力，提高用户体验效果。早期的 HTML 页面在验证数据的正确性时，需要将数据发送到服务器端进行验证处理，不但使用户增加了一次刷新页面的时间，而且服务器也相应增加了一次处理请求的过程，从而使程序运行效率大受影响。JavaScript 语言则弥补了 HTML 的不足，增加了客户端页面与服务器的交互以及客户端数据验证等功能，如图 8.1 所示。

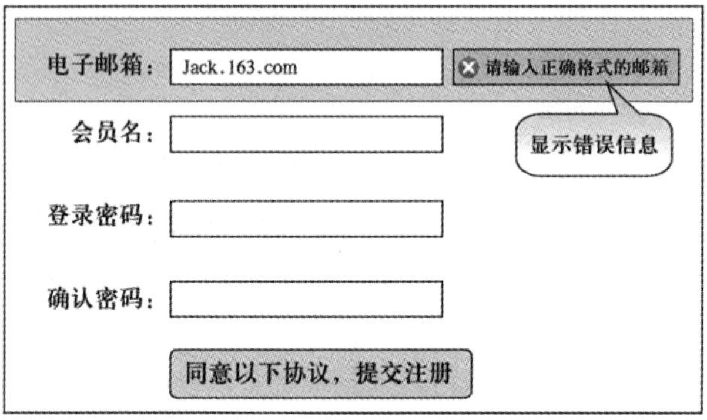

图 8.1　数据验证

在 HTML 页面中，使用 <script></script> 标签将 JavaScript 脚本嵌入到页面中。当浏览器读取到网页中的 <script> 标签时，将以指定脚本语言的方式解释执行，而不是以普通的 HTML 文本进行处理。以下为 HTML 中使用 JavaScript 脚本的两种方式。

1. 使用 <script></script> 标签直接嵌入

```
<script language="javascript">
    document.write("欢迎使用 JavaScript 编程！");
</script>
```

2. 使用外部 JavaScript 文件

使用外部 JavaScript 文件就是以单独的文件存放 JavaScript 代码，其扩展名为 .js，具体用法如下：

（1）创建 index.js 文件，在其中输入以下代码并保存。

```
document.write("欢迎使用 JavaScript 编程！");
```

（2）在 HTML 页面中使用外部 JavaScript 文件。

```
<script language="javascript" src="index.js"></script>
```

8.1.2　基本语法

1. 基本数据类型

JavaScript 中提供了如下数据类型：

1）Number

数值类型，可以通过整数、小数以及各种不同的进制格式表示，例如 5、4E5、1.5 等。

2）String

字符串类型，String 是程序中使用最广泛的类型，例如 "abc"。需要注意的是，"" 和 null 是两个不同的概念。例如：

```
// 空字符串，表示变量 str 的值是一个字符串，但字符串的内容为空
var str="";
// 空值，表示变量 str 的值为空
var str=null;
```

3）Boolean

布尔类型，该类型包括 true（真）和 false（假）两个标准值。布尔值通常用于判断处理，表示逻辑表达式的结果，如表达式 1>2 的值为 false。

4）Null

空类型，该类型只有一个 null 值。null 是一个常量，表示变量已经有值，但值为空。与 undefined 不同，null 值通常在程序运行中产生。

5）Undefined

未定义类型，该类型只有一个 undefined 值。系统将自动把任何未被赋值的变量赋值为 undefined。在程序中使用未定义的变量时，也将产生 undefined 值，但通常情况下使用未定义的变量将引发程序错误。

2. 变量

变量是用于存取数据和提供存放信息的容器，程序可以使用变量名来访问变量中的数据。JavaScript 中使用 var 关键字声明变量，语法如下：

【语法】

```
var variableName=value;
```

变量的使用代码如下：

```
<script language="javascript">
    var num=10;
    var name="javascript";
    var x, y, z = 10;          // 同时声明多个变量
</script>
```

視頻

JavaScript 数据类型

視頻

string 对象

視頻

运算符

变量的命名规范要满足如下要求：

（1）变量名区分大小写，如 name 与 NAME 表示两个完全不同的变量。

（2）变量名由字母、数字、下画线以及 $ 组成，第一个字符只能使用字母、$ 以及下画线，如 number_1、_name。

（3）变量名不能使用关键字定义，如 if、while 等。

3. 常量

JavaScript 中的常量通常又称字面量，它是不能被改变的数据。与基本数据类型对应，常量包括以下 6 种。

1）整型常量

可以使用十六进制、八进制和十进制表示整型常量的值，如 123、89 等。

2）实型常量

通常用整数加小数部分表示，如 12.32、193.98；也可用科学或标准方法表示，如 5E7、4e5 等。

3）布尔值

布尔值只有 true 和 false 两种状态。布尔值主要代表一种状态或标志，以说明操作流程。

4）字符型常量

通常使用单引号（ ' ）或双引号（ " ）标注的字符，如 "This is a book of JavaScript"、"3245"、"ewrt234234" 等。

5）空值（null）

JavaScript 中的空值 null 表示什么也没有，例如试图引用未定义的变量时将返回 null 值。

6）undefined 常量

表示变量还未被赋值或对象的某个属性不存在。null 表示赋给变量的值为空，"空"是指未引用任何对象；而 undefined 则表示尚未对变量赋值，即变量值处于未知状态。

4. 类型转换

1）parseInt(String)

该函数用于将字符串类型转换为整数数值类型。转换由字符串的第一个字符开始，依次进行判断。发现首个非数字字符时将停止转换，例如 parseInt（ '1234a567' ）的转换结果为整数 1234；若第一个字符为除减号之外的任意非数字字符，转换后的结果是 NaN。

2）parseFloat(String)

该函数用于将字符串类型转换为浮点数值类型。除转换结果为浮点数外，该函数其他特征与 parseInt 相同。

5. 运算符

运算符是一种特殊符号，用于实现数据之间的运算、赋值及比较等功能。JavaScript 脚本中的运算符主要分为以下 3 种。

1）算术运算符

除基本四则混合运算符 +（加）、—（减）、*（乘）、/（除）之外，算术运算符还包括 %、++、-- 等。% 表示取余数，如 5%2 的结果为 1。++ 表示操作数自增 1，如 a=8，则 a++ 结果为 9。--

表示操作数自减 1，如 a=7，则 a-- 结果为 6。

2）比较运算符

比较运算符用于比较符号两边操作数的逻辑关系，并根据比较结果返回布尔值（true 或 false），具体内容如下：

<（小于）、>（大于）、<=（小于或等于）、>=（大于或等于）、==（等于）、!=（不等于）

3）逻辑运算符

逻辑运算符以布尔值 true 和 false 作为操作数，其返回值为逻辑值，&& 表示逻辑与，左右操作数均为 true 时返回值为 true，否则返回 false。‖ 表示逻辑或，左右操作数均为 false 时返回值为 false，否则返回 true。! 表示逻辑非，操作数为 true 时返回值为 false，否则返回 true。

6. 注释

注释是描述程序功能的说明性文字，它不会被浏览器执行，但可以帮助程序开发人员阅读、理解及维护程序。JavaScript 注释包括单行注释和多行注释。

单行注释用双反斜杠"//"表示。当一行代码中出现"//"时，其后的部分将被忽略。例如下面的注释代码：

```
// 这是一个单行注释
var num=10;
```

多行注释使用"/*"和"*/"标注一行或多行文字。程序将忽略"/*"与"*/"之间的所有文字。例如以下代码：

```
/*
比较两个数值大小的函数
参数 num1：第一个操作数
参数 num2：第二个操作数
返回值：两个数中较大的一个
*/
function max(num1,num2)
{
    return num1>num2?num1:num2;
}
```

8.1.3　逻辑控制语句

逻辑控制语句用于控制程序的执行顺序。JavaScript 中的逻辑控制语句主要分为顺序语句、条件语句及循环语句 3 类。

1. 顺序语句

程序中的大部分代码采用顺序结构，是指程序中的语句按照自上而下的顺序执行。顺序结构是所有程序的最基本结构。

视频

if 语句

2. 条件语句

（1）if 语句的基本语法结构。

```
if(条件表达式)
{
  语句 1;
}
else
{
  语句 2;
}
```

● 视频

循环跳转

当条件表达式值为 true 时执行语句 1，否则执行语句 2。如果 if 或 else 后有多行需要执行的语句，可以括在大括号 {} 内。

（2）switch 语句的基本语法结构。

```
switch(条件表达式)
{
    case  常量值 1:语句 1;
    case  常量值 2:语句 2;
    case  常量值 3:语句 3;
    default:语句 4;
}
```

switch 语句用于多条件精确匹配，可以使程序结构更加清晰。实际操作中，根据 switch 语句匹配条件表达式的值与常量值是否一致，来决定不同语句段的执行。switch 语句执行时，表达式的值将自上而下与每个 case 语句后的常量相比较：二者相等时，执行该 case 语句后的 JavaScript 语句，直至遇见 break 语句时结束；若没有匹配的 case 常量值，则执行 default 语句。

3. 循环语句

```
while(条件表达式)
{
  循环语句;
}
```

当条件表达式的值为 true 时，执行循环语句；否则不执行任何循环语句。若需要提前结束循环或者跳过某次循环时，可以使用 break 和 continue 语句。break 语句用于中断循环的运行，continue 语句用于跳过剩余代码块，直接执行下一次循环。

📎 【示例 8.1】输出 1~10 之间的奇数

```
<!DOCTYPE html>
<html lang="en">
```

```html
<head>
    <meta charset="UTF-8">
    <meta name="viewport" content="width=device-width, initial-scale=1.0">
    <title>Document</title>
    <script type="text/javascript">
        // 这段 JavaScript 代码用来输出 1~10 之间的奇数
        var x;
        for (x = 1; x < 20; x++) {
          if (x == 11)
              break;
          if (x % 2 == 0)
              continue; // 跳过剩余代码，转入下一次循环
          document.write(x + ",");
        }
    </script>
</head>

<body>
</body>
</html>
```

示例 8.1 在浏览器中运行后的显示效果如图 8.2 所示。

图 8.2　输出奇数效果图

上述示例的功能为打印 1~10 之间的奇数，所以需要循环执行到第 11 次时停止，并且越过所有偶数循环打印奇数。示例 8.1 也演示了使用 break 和 continue 语句完成以上操作。

8.2　函数与事件

在程序编写过程中经常遇到某段代码需要重复使用的情况，例如计算器程序中加减乘除运算，此时可以编写通用代码实现重复调用，这种通用代码的集合称为函数。JavaScript 函数包括自定义函数和系统函数，系统函数指语言内置的可直接使用的函数，自定义函数是指开发者根据应用场合而定义的函数。下面介绍函数的定义方法及调用过程。

视频●⋯⋯⋯⋯

函数

8.2.1　函数的定义与调用

在 JavaScript 中定义函数必须以 function 关键字开头。函数由函数名、参数列表以及函数所要执行的代码块组成。

```
function 函数名(参数列表)
{
    函数代码块；
    return 表达式；
}
```

调用函数时若需要传递多个参数，可以在定义时用逗号"，"隔开。在实际调用传参时必须注意——对应的关系，如果主程序需要函数返回结果值，则必须使用 return 语句返回结果。

例如，通过函数定义两个数相加的功能，代码如下：

```
<script language="javascript">
//定义求两数之和的函数
function  add(num1,num2)
{
    return  num1+num2;
}
</script>
```

函数定义后要想执行，需要在 <script> 中调用函数，调用求两数之和的函数，代码如下：

```
var result=add(10,20);
document.write("10+20的和是:"+result);
```

以上代码演示如何定义一个函数并调用它，下面总结两种函数调用的方式。

（1）若函数没有返回值，可以在主调函数中直接调用并传参，调用格式如下：

```
函数名 (实参1,实参2…);
```

（2）若主调函数需要保存并使用被调函数的返回值，则使用如下调用格式：

```
var 变量名 = 函数名 (实参1,实参2…);
```

8.2.2　变量的作用域

根据作用范围，JavaScript 中的变量可以分为全局变量和局部变量。全局变量是在所有函数之外的脚本中定义的变量，作用范围为该变量定义之后的所有语句。

全局变量的作用域如下代码所示：

```
<script language="javascript">
```

```
var name = "tom";            // 定义全局变量 name
function check()
{
    alert(name);             // 这里会弹出 tom
}
check();                     // 调用函数
alert(name);                 // 这里会弹出 tom
</script>
```

局部变量是定义在函数之内的变量，它适用于整个函数。局部变量对其他函数和脚本代码来说不可见，如以下代码所示：

```
<script language="javascript">
function checkField ()
{
    var name = "tom";        // 定义全局变量 name
    alert(name);             // 这里会弹出 tom
}
checkField ();
alert(name);                 // 这里不会弹出任何内容
</script>
```

全局变量和局部变量的作用域有冲突时，采用就近原则，局部变量优先，局部变量只在函数内有效。如以下代码：

```
<script language="javascript">
var name="andy";
function checkField()
{
    var name="jack";
    alert(name);             // 这里会弹出 jack
}
checkField();
alert(name);                 // 这里会弹出 andy
</script>
```

在函数体内部，局部变量的优先级比同名的全局变量高，即局部变量将隐藏与之同名的全局变量。如以下代码：

```
<script language="javascript">
var name="andy";
function checkField()
```

```
{
    alert(name);           // 这里将弹出 undefined
    var name="tom";        // 这里将弹出 tom
    alert(name);
}
checkField();
</script>
```

8.2.3　事件处理

JavaScript 是基于对象、采用事件驱动的脚本语言。在 DOM 模型中，通过鼠标或按钮在浏览器窗口或网页上执行的操作称为事件（event），例如用鼠标单击网页上的某个按钮，则该按钮发生了鼠标单击事件，按钮就是事件源。事件不仅产生于与用户交互过程中，还产生于浏览器的自身动作。例如，浏览器载入页面时会发生 load 事件、关闭页面时会发生 unload 事件等。如果将一段程序与各个事件源发生的事件相关联，事件发生时，浏览器将自动执行相关联的程序代码，执行的过程即为事件驱动。对事件进行处理的程序或函数称为事件处理程序，它是响应事件的动作。通常情况下，处理事件的程序被封装到函数中，然后将函数与对象事件关联在一起。以下为关联对象事件与处理函数的语法。

【语法】
事件名称 = 函数名 (参数);
鼠标移动事件的使用代码如下：

```
function  move()
{
    window.status="X:"+window.event.x;
}
document.onmousemove=move;
```

上述示例为鼠标移动事件的处理过程。鼠标移动时浏览器的状态栏显示其 x 轴坐标。
JavaScript 中常用事件有：

1. onload 和 onunload 事件

用户进入或离开页面时将触发 onload 和 onunload 事件。onload 事件常用于检测访问者的浏览器类型与版本，并根据检测信息载入特定版本的网页。onunload 事件通常用来结束会话过程，如退出聊天室时清除登录信息等。

2. onfocus、onblur 和 onchange 事件

onfocus、onblur 及 onchange 事件通常相互配合来验证表单。以下为 onblur 事件示例，一旦用户改变了域的内容，checkEmail() 函数将被调用。

📎【**示例 8.2**】验证邮箱格式

```
<!DOCTYPE html>
<html lang="en">

    <head>
        <meta charset="UTF-8">
        <title>JS</title>

        <meta name="viewport" content="width=device-width, initial-scale=1.0">
        <script language="javascript">
            function checkEmail() {
                var email = document.all.mail.value;          // 获取电子邮件的值
                var mailPattern = /^\w+((-\w+)|(\.\w+))*\@[A-Za-z0-9]+((\.|-)
[A-Za-z0-9]+)*\.[A-Za-z0-9]+$/;                               // 电子邮件正则表达式
                if (!mailPattern.test(email)) {
                    alert("邮件格式有误");
                }
            }
        </script>
    </head>

    <body>
        电子邮件：
        <input type="text" name="mail" onblur="checkEmail()" />
    </body>

</html>
```

运行程序，输入不合法的内容，移开鼠标时将弹出邮箱错误信息，如图 8.3 所示

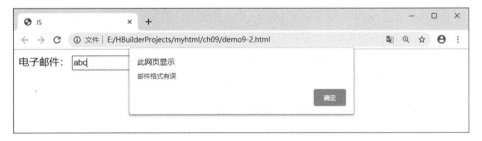

图 8.3 邮箱格式错误信息

3. onsubmit 事件

onsubmit 事件用于提交表单之前验证所有表单域。当用户单击表单中的提交按钮时，将调用 checkForm() 函数；若提交的数据无效，本次提交将被取消。checkForm() 函数的返回值为 true

或 false，返回值为 true 时提交表单，返回 false 时取消提交。实现代码如下：

```
<head>
   <script language="javascript">
      function checkForm()
      {
         var name=document.all.username.value;
         var namePattern=/^[a-zA-Z]\w{5,15}$/;
         if(!namePattern.test(name))
         {
            alert("用户名格式不正确");
            return false;
         }
         return true;
      }
   </script>
</head>
<body>
   <form action="" onsubmit="return checkForm()">
      用户名：<input type="text"  name="username"/>
      <input type="submit" value=" 提交 "/>
   </form>
</body>
```

4. onmouseover 和 onmouseout 事件

onmouseover 和 onmouseout 是指鼠标移入、移出页面元素时触发的事件，一般用于动态改变页面样式。例如在表格中鼠标移动到某行时改变该行的背景。

5. onclick 事件

鼠标单击页面元素时触发的事件。例如，使用 onclick 事件提交表单的操作代码如下：

```
<head>
   <script language="javascript">
      function doSubmit()
      {
         document.myForm.submit();
      }
   </script>
</head>
<body>
   <form name ="myForm" action="do.jsp" >
      <input type="button" onclick="doSubmit()" value=" 提交表单 " />
   </form>
</body>
```

8.2.4 JavaScript 的内置对象

JavaScript 的所有数据都可以看成对象，其内部提供了很多对象供编程时直接使用，常用的内置对现有：

（1）Array：用于在单独的变量名中存储一系列值。

（2）String：用于支持对字符串的处理。

（3）Math：用于执行常用的数学任务，它包含了若干数字常量和函数。

（4）Date：用于操作日期和时间。

视频
数据

1. Date 对象的使用

创建 Date 对象的语法如下：

```
var 日期对象 =new Date(参数)
```

示例代码如下：

视频
数据操作

```
var today=new Date();    // 返回当前日期和时间
var tdate=new Date("september 1,2019,20:55:15");
```

Date 对象的方法如表 8.1 所示。

表 8.1 Date 对象的常用方法

方法	说明
getDate()	返回 Date 对象的一个月中的每一天，其值介于 1 ~ 31 之间
getDay()	返回 Date 对象的星期中的每一天，其值介于 0 ~ 6 之间
getHours()	返回 Date 对象的小时数，其值介于 0 ~ 23 之间
getMinutes()	返回 Date 对象的分钟数，其值介于 0 ~ 59 之间
getSeconds()	返回 Date 对象的秒数，其值介于 0 ~ 59 之间
getMonth()	返回 Date 对象的月份，其值介于 0 ~ 11 之间
getFullYear()	返回 Date 对象的年份，其值为 4 位数
getTime()	返回自某一时刻（1970 年 1 月 1 日）以来的毫秒数

📎【示例 8.3】显示系统时间

```
<!DOCTYPE html>
<html lang="en">
    <head>
        <meta charset="UTF-8">
        <meta name="viewport" content="width=device-width, initial-scale=1.0">
        <title>Document</title>
```

```
        </head>
        <body>
            <div id="mClock"></div>
            <script>
                function dispTime(){
                    var today = new Date();
                    var hh = today.getHours();
                    var mm = today.getMinutes();
                    var ss = today.getSeconds();
                    document.getElementById("mClock").innerHTML="现在时间是:"+hh
+":"+mm+": "+ss;
                    }
                dispTime();
            </script>
        </body>
    </html>
```

示例 8.3 在浏览器中的显示效果如图 8.4 所示。

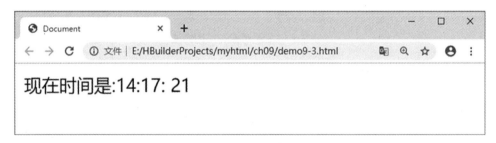

图 8.4　显示时间

2. Math 对象

Math 对象的常用方法如表 8.2 所示。

表 8.2　Math 对象的方法

方　法	说　　明	示　　例
ceil()	对数进行上舍入	Math.ceil(25.5); 返回 26 Math.ceil(−25.5); 返回 −25
floor()	对数进行下舍入	Math.floor(25.5); 返回 25 Math.floor(−25.5); 返回 −26
round()	把数四舍五入为最接近的数	Math.round(25.5); 返回 26 Math.round(−25.5); 返回 −26
random()	返回 0~1 之间的随机数	Math.random(); 例如：0.6273608814137365

使用 Math 对象实现随机点名的代码如下：

```
function ranName(){
    var nameList=Array(" 小明 "," 张三 "," 李四 ","Tom","Lucy"," 赵六 "," 王五 ");
    var num=Math.ceil(Math.random()*7)-1;
    document.getElementById("showName").innerHTML=nameList[num];
}
```

调用该函数会随机显示学生姓名。

📎【示例 8.4】动态时钟

```
<!DOCTYPE html>
<html>

    <head lang="en">
        <meta charset="UTF-8">
        <title> 时钟特效 </title>
        <style>
            .content {
                width: 400px;
                margin: auto;
                color: #000;
            }

            #title {
                font-size: 25px;
            }

            #myclock {
                margin-top: 30px;
                font-size: 60px;
                font-weight: 900;
            }
        </style>
    </head>

    <body>
        <div class="content">
            <div id="title"> 2018 年 7 月 12 日星期六 </div>
            <div id="myclock"></div>
        </div>
        <script type="text/javascript">
            function disptime() {
```

```
            var today = new Date();
            var year = today.getFullYear();
            var month = today.getMonth() + 1;
            var date = today.getDate();
            var day = today.getDay();
            var week = {
                    0: "星期日",
                    1: "星期一",
                    2: "星期二",
                    3: "星期三",
                    4: "星期四",
                    5: "星期五",
                    6: "星期六",
            }

            document.getElementById("title").innerHTML = year + "年" +
month + "月" + date + "日" + week[day];
            var today = new Date();      // 获得当前时间
            var hh = today.getHours();    // 获得小时、分钟、秒
            var mm = today.getMinutes(); // 获得分钟
            var ss = today.getSeconds(); // 获得秒
            /* 设置 div 的内容为当前时间 */
            document.getElementById("myclock").innerHTML = hh + ":" +
mm + ":" + ss;
            // setTimeout(disptime,1000);
        }
        disptime()
        /* 使用 setInterval() 每间隔指定毫秒后调用 disptime()*/
        var myTime = setInterval("disptime()", 1000);
    </script>
  </body>

</html>
```

示例 8.4 在浏览器中的显示效果如图 8.5 所示

图 8.5　动态时钟效果

8.3 JavaScript 操作 DOM 元素

8.3.1 浏览器对象模型

随着 JavaScript 在客户端的流行，页面上越来越多的内容可以使用 JavaScript 进行修改，且这种修改不需要提交给服务器。对于页面开发人员来讲，这可以制作出更多时尚的、吸引用户的页面效果。浏览器解析网页时会将网页中的元素加载到内存中，其结构类似于一个树状结构，每个元素都是树状结构上的一个对象，如图 8.6 所示。

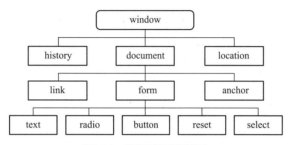

图 8.6　浏览器对象模型

1. window 对象

window 是浏览器对象模型中的顶层对象，它代表一个浏览器窗口。编程人员可以利用它控制浏览器窗口行为及外观，如窗口的大小、位置等。

window 对象的常用属性见表 8.3。

表 8.3　window 常用属性

属 性 名 称	说　　明
history	有关客户访问过的 URL 的信息
location	有关当前 URL 的信息

window 对象的常用方法见表 8.4。

表 8.4　window 对象常用方法

方 法 名 称	说　　明
prompt( )	显示可提示用户输入的对话框
alert( )	显示带有一个提示信息和一个确定按钮的警示框
confirm( )	显示一个带有提示信息、确定和取消按钮的对话框
close( )	关闭浏览器窗口
open( )	打开一个新的浏览器窗口，加载给定 URL 所指定的文档
setTimeout( )	在指定的毫秒数后调用函数或计算表达式
setInterval( )	按照指定的周期（以毫秒计）来调用函数或表达式

window 属性和方法的使用比较广泛，如打开某个网页的代码如下：

```
window.location="http://www.baidu.cn";
```

使用 confirm()、alert () 与 prompt() 弹出信息，它们的区别是：

◆ alert( )：一个参数，仅显示警告对话框的消息，无返回值，不能对脚本产生任何改变。

◆ prompt( )：两个参数，输入对话框，用来提示用户输入一些信息，单击 "取消" 按钮则返回 null，单击 "确定" 按钮则返回用户输入的值，常用于收集用户关于特定问题而反馈的信息。

◆ confirm( )：一个参数，确认对话框，显示提示对话框的消息、"确定" 按钮和 "取消" 按钮，单击 "确定" 按钮返回 true，单击 "取消" 按钮返回 false，因此与 if-else 语句搭配使用。

confirm() 的使用代码如下：

```
<script type="text/javascript">
    var flag=confirm("确认要删除此条信息吗？");
    if(flag==true){
      alert("删除成功！");
    }else{
      alert("你取消了删除");
    }
</script>
```

弹出一个窗体的语法如下：

```
window.open("弹出窗口的url","窗口名称","窗口特征")
```

其中窗口特征属性见表 8.5。

表 8.5　窗口特征属性

属性名称	说　明
height、width	窗口文档显示区的高度、宽度，以像素计
left、top	窗口的 x 坐标、y 坐标，以像素计
toolbar=yes|no |1|0	是否显示浏览器的工具栏，默认是 yes
scrollbars=yes|no |1|0	是否显示滚动条，默认是 yes
location=yes|no |1|0	是否显示地址地段，默认是 yes
status=yes|no |1|0	是否添加状态栏，默认是 yes
menubar=yes|no |1|0	是否显示菜单栏，默认是 yes
resizable=yes|no |1|0	窗口是否可调节尺寸，默认是 yes
titlebar=yes|no |1|0	是否显示标题栏，默认是 yes
fullscreen=yes|no |1|0	是否使用全屏模式显示浏览器，默认是 no。处于全屏模式的窗口必须同时处于剧院模式

2. history 对象

history 对象用于管理当前窗口最近访问过且被保存在 history 对象列表中的 URL。脚本语言可以调用 history 对象中的 forward、back、go 等方法来实现浏览器的前进和后退功能。history 的属性和方法见表 8.6。

表 8.6　history 属性和方法

名　　称	说　　明
host	设置或返回主机名和当前 URL 的端口号
hostname	设置或返回当前 URL 的主机名
href	设置或返回完整的 URL
reload()	重新加载当前文档
replace()	用新的文档替换当前文档

3. location 对象

location 对象用来管理当前打开窗口的 URL 信息，相当于浏览器的地址栏。可以使用脚本程序获取或重新设置地址栏的信息，location 常用属性和方法见表 8.7。

表 8.7　location 常用属性和方法

名　　称	说　　明
host	设置或返回主机名和当前 URL 的端口号
hostname	设置或返回当前 URL 的主机名
href	设置或返回完整的 URL
reload()	重新加载当前文档
replace()	用新的文档替换当前文档

history 和 location 的使用代码如下：

```
<a href="javascript:history.back()">后退</a>
<a href="javascript:history.forward()">前进</a>
<a href="javascript:location.href='details.html'">查看详情</a>
<a href="javascript:location.reload()">刷新本页</a>
```

8.3.2　文档对象模型

根据 W3C DOM 规范，DOM（Document Object Model，文档对象模型）是一种与浏览器、平台、语言无关的接口，可以使程序访问到页面其他标准组件。DOM 主要应用于解析 XML 和 HTML 内容。

按照层次包含关系，DOM 在内存中将整个文档的标记建立成一棵结点树，树上的每个结点是一个对象。整个 HTML 文档在 DOM 中是一个 document 对象，如图 8.7 所示。

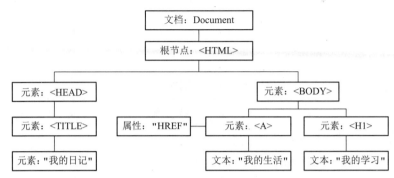

图 8.7　文档对象模型

1. document 对象

document 对象代表浏览器窗口中加载的整个 HTML 文档，文档中的每个 HTML 元素可以使用 JavaScript 对象直接或间接地引用。document 对象是 window 对象的一个属性，在使用时可以省略前缀 window. 而直接以 document 命名。

document 对象的属性包括对应 HTML 的 <body> 标签属性以及描述网页自身信息的属性，如页面背景色、文本颜色、网页标题等，常用属性见表 8.8。

表 8.8　document 对象的常用属性

名　　称	说　　明
referrer	返回载入当前文档的 URL
URL	返回当前文档的 URL

document 属性的使用如以下代码：

```
var preUrl=document.referrer;  // 载入本页面文档的地址
if(preUrl==""){
    document.write("<h2>3 秒后将自动跳转到登录页面 </h2>");
    setTimeout("javascript:location.href='login.html'",3000);
}
```

document 对象的方法主要用于操作文档对象，控制其行为和外观，其常用方法见表 8.9。

表 8.9　document 对象的常用方法

名　　称	说　　明
getElementById()	返回对拥有指定 id 的第一个对象的引用
getElementsByName()	返回带有指定名称的对象的集合
getElementsByTagName()	返回带有指定标签名的对象的集合
write()	向文档写文本、HTML 表达式或 JavaScript 代码

在 JavaScript 中使用 document 对象访问页面元素的常用方式有 2 种：

（1）通过页面元素的 ID 访问。

```
document.getElementById("ID 名称 ");
```

（2）通过页面元素的名称访问一组元素。

```
document.getElementsByName(" 元素名称 ");
```

2. 结点信息

DOM 中，每个结点均有描述自身属性及访问结点信息的方法，表 8.10 列举了一些常用属性。

表 8.10　常用结点属性

属性名称	描　述
parentNode	返回结点的父结点
childNodes	返回子结点集合，childNodes[i]
firstChild	返回结点的第一个子结点，最普遍的用法是访问该元素的文本结点
lastChild	返回结点的最后一个子结点
nextSibling	下一个结点
previousSibling	上一个结点
firstElementChild	返回结点的第一个子结点，最普遍的用法是访问该元素的文本结点
lastElementChild	返回结点的最后一个子结点
nextElementSibling	下一个结点
previousElementSibling	上一个结点
firstElementChild	返回结点的第一个子结点，最普遍的用法是访问该元素的文本结点

DOM 中结点可分为多种类型，每种类型用一个整数值表示，常见的结点类型见表 8.11。

表 8.11　常见结点类型

结点类型	NodeType 值	结点类型	NodeType 值
元素 element	1	注释 comments	8
属性 attr	2	文档 document	9
文本 text	3		

使用 document 对象可以创建、添加、删除 DOM 支持的任何类型结点，因此可以使用 document 对象制作动态添加、删除页面元素的特效。

（1）使用 document.createElement 创建指定标签名的元素结点（包括自定义的标签）。创建元素的示例代码如下：

```
<script language="javascript">
    var node=document.createElement("div");
    node.innerHTML=" 这是一个新创建的结点 ";
    alert(node.nodeType);
    alert(node.innerHTML);
</script>
```

（2）使用 appendChild(node) 将结点追加到所有子结点的末尾。在父结点下插入子结点的代码示例如下：

```
<script>
    var ele=document.getElementsByName("book");
    var bName=document.getElementsByTagName("div")[0];
    var img=document.createElement("img");
    img.setAttribute("src","images/dog.jpg");
    img.setAttribute("alt"," 狗狗 ");
    bName.appendChild(img);
</script>
```

（3）使用 insertBefore(newNode,node) 将 newNode 结点插入到 node 之前。在某结点前插入新结点的代码示例如下：

```
var bName=document.getElementsByTagName("div")[0];
var copy=bName.lastChild.cloneNode(false);
bName.insertBefore(copy,bName.firstChild);
```

（4）使用 removeChild 和 replaceChild(newNode, oldNode) 删除与替换结点。

删除子结点的示例代码如下：

```
var delNode=document.getElementById("first");
delNode.parentNode.removeChild(delNode);
```

替换结点的示例代码如下：

```
var oldNode=document.getElementById("second");
var newNode=document.createElement("img");
newNode.setAttribute("src","images/newPhoto.jpg");
oldNode.parentNode.replaceChild(newNode,oldNode);
```

📎 【示例 8.5】动态表格

在表单中输入学生信息后，单击"新增"按钮添加到表格中，ID 自增，效果如图 8.8 所示。

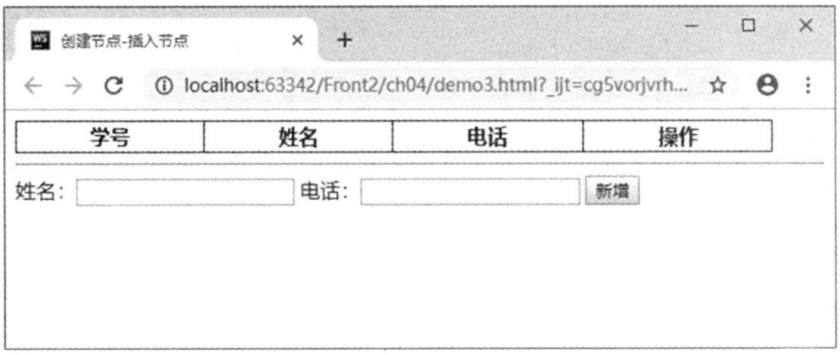

图 8.8　学生信息表

输入学生信息后，单击"新增"按钮，将输入的学生信息添加到表格中，如图 8.9 所示。

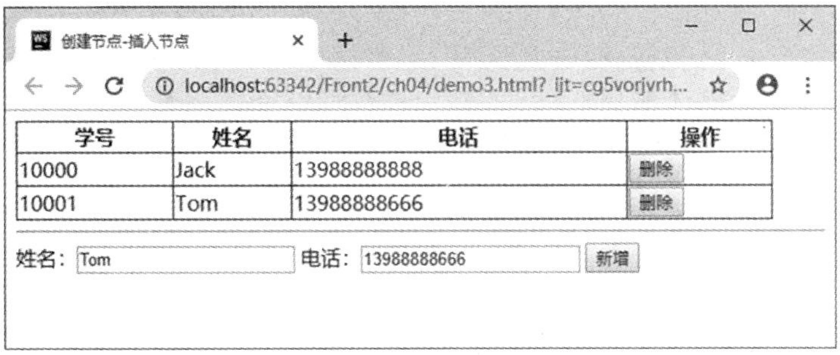

图 8.9　新增学生信息

单击操作列中对应的"删除"按钮，删除该行数据。代码如下：

```html
<!DOCTYPE html>
<html lang="en">
    <head>
        <meta charset="UTF-8">
        <title>创建结点 – 插入结点 </title>
        <style type="text/css">
            table,td,th{
                border-spacing: 0px;
                border: 1px solid black;
                border-collapse: collapse;
            }
        </style>
    </head>
<body>
    <table id="stuTab" style="width:600px">
        <thead>
            <tr>
                <th>学号 </th>
```

```
                    <th> 姓名 </th>
                    <th> 电话 </th>
                    <th> 操作 </th>
                </tr>
            </thead>
            <tbody id="stuTr">

            </tbody>

    </table>
    <hr/>
    <form action="#" method="get">
        姓名：<input type="text" id="stuName"/>
        电话：<input type="text" id="stuPhone"/>
        <input type="button" value=" 新增 " onclick="addStu()"/>

    </form>
    <script type="text/javascript">
        var startIndex  = 10000;

        function delTr(objBtn) {
            // 找到 button 所在的 tr
            var objTr = objBtn.parentElement.parentElement;
            document.getElementById("stuTr").removeChild(objTr); // 在 table
中删除该 tr
        }

        function addStu() {
            //1. 创建 tr 和 3 个 td
            var mTr = document.createElement("tr");
            var tdId = document.createElement("td");
            var tdName = document.createElement("td");
            var tdPhone = document.createElement("td");
            var tdDel = document.createElement("td");
            tdId.innerText = startIndex++;
            tdName.innerText = document.getElementById("stuName").value;
            tdPhone.innerText =document.getElementById("stuPhone").value;
            tdDel.innerHTML = "<button onclick='delTr(this)'>删除 </button>"
            //2. 将 3 个 td 放入到 tr 中
            mTr.appendChild(tdId);
            mTr.appendChild(tdName);
            mTr.appendChild(tdPhone);
```

```
            mTr.appendChild(tdDel);

            //3. 把创建好的 tr 加入到 table 中
            document.getElementById("stuTr").appendChild(mTr);
        }
    </script>
  </body>
</html>
```

8.3.3　访问元素的 CSS 样式

使用 CSS 样式可以美化页面，在此之前定义的样式写好后不能修改，样式与用户的行为没有交互，不够生动。使用 JavaScript 可动态改变元素的样式，例如，随着鼠标指针的移动或者键盘操作来动态改变元素的背景、字体等样式的属性。

要达到动态改变元素样式有两种方式：一种是使用样式的 style 属性改变元素的样式值；另一种是改变元素的 className 类名。下面介绍这两种方式的使用。

1. style 属性

在 HTML DOM 中，style 是一个对象，代表一个单独的样式声明，可以通过应用该样式的文档或元素来访问 style 对象。使用 style 属性改变样式的语法如下。

```
元素对象 .style. 样式属性 = " 值 ";
```

在页面中有一个 id 为 cnt 的 div，要改变 div 中的字体颜色为红色，字体大小为 16 px，代码如下：

```
document.getElementById("cnt").style.color = "red";
document.getElementById("cnt").style.fontSize = "16px";
```

字体大小的属性在 CSS 中为 font-size，在 JavaScript 中的对应规则为去掉下画线，然后将第二个单词的首字母大写，这时 font-size 变为 fontSize，background-color 变为 backgroundColor，依此类推。

2. className 类名

在 HTML DOM 中，className 属性可设置或返回元素的 class 样式名。语法格式如下：

```
元素对象 .className = " 类名 "
```

使用 className 属性实现样式特效，实现思路如下：

（1）设置好样式，代码如下：

```css
#cnt_over{
  color:blue;
  font-size:12px;
}
#cnt_out{
  color:red;
  font-size:16px;
}
```

（2）动态改变元素的 className，代码如下：

```javascript
function cntOver{
  document.getElementById("cnt").className='cnt_over';
}

function cntOut{
  document.getElementById("cnt").className='cnt_out';
}
```

8.4　jQuery

jQuery 是一个快速、简洁的 JavaScript 框架，是继 Prototype 之后又一个优秀的 JavaScript 代码库（或 JavaScript 框架）。jQuery 设计的宗旨是 "write Less，Do More"，即倡导写更少的代码，做更多的事情。它封装 JavaScript 常用的功能代码，提供一种简便的 JavaScript 设计模式，优化 HTML 文档操作、事件处理、动画设计和 Ajax 交互。

jQuery 的核心特性可以总结为：具有独特的链式语法和短小清晰的多功能接口；具有高效灵活的 CSS 选择器，并且可对 CSS 选择器进行扩展；拥有便捷的插件扩展机制和丰富的插件。jQuery 兼容各种主流浏览器。

8.4.1　jQuery 库的导入

jQuery 可以从 http://code.jquery.com 下载。它是一个仅 100KB 的 js 文件。使用时需要在每个 HTML 文档的头部加上对该 js 的引用。例如：

```html
<head>
    <script type="text/javascript" src="jquery.js"></script>
</head>
```

jQuery 很容易使用，主要的操作就是选取 HTML 元素，然后对选中的元素执行某些操作。语法如下：

```
$(selector).action()
```

美元符定义 jQuery，美元符是 jQuery 的替代性缩写。

选择器（selector）选取 HTML 元素，与 CSS 中的选择器类似。

action() 执行对元素的操作。

📎【示例 8.6】第一个 jQuery 代码

```html
<html>
    <head>
        <meta charset="UTF-8">
        <!-- 以下是 jQuery 的 ready 函数 -->
        <script type="text/javascript">
            $(document).ready(function() {      // 就绪事件处理函数
                    $("button").click(function() {
                            $("p").hide();
                    });
            });
        </script>
    </head>

    <body>
            <h2> 这是标题 </h2>
            <p> 第一行文本。</p>
            <p> 更多文本 </p>
            <button type="button">Click me</button>
    </body>
 </html>
```

上述代码中共有三行 jQuery 语句。

第一行选择 document，为 document 添加一个 ready 函数，document 的 ready 动作是 jQuery 最重要的动作，当文档加载成功后执行。这几乎是每个 jQuery 代码中必需的部分。ready 动作的参数是一个匿名函数，其函数体是下述代码。

第二行选择 button 标签，为其添加一个 click 函数，函数体为下一行语句。

第三行是 click 函数的函数体，它选择 p 标签，功能是隐藏这些标签。

如果找不到 jquery.js 文件，浏览器不会给出任何出错提示。因此如果无法正常运行，需要检查 jquery.js 的名称和所在的路径。

8.4.2　jQuery 选择器

jQuery 选择器是 jQuery 的基础，它与 CSS 的选择器基本相同，并加以扩展，因而功能更加强大。

视频 •········

jQuery 选择器
•············

1. jQuery 元素选择器

jQuery 使用与 CSS 选择器相同的方式来选取 HTML 元素。例如以下代码：

```
$("p")                  // 选取 <p> 元素
$("p.intro")            // 选取所有 class="intro" 的 <p> 元素
$("p#demo")             // 选取 id="demo" 的第一个 <p> 元素
$(this)                 // 当前 HTML 元素
$(".intro")             // 所有 class="intro" 的元素
$("#intro")             // id="intro" 的第一个元素
$("ulli:first")         // 每个 <ul> 的第一个 <li> 元素
$("div#intro.head")     // id="intro" 的 <div> 元素中的所有 class="head" 的元素
```

2. jQuery 属性选择器

jQuery 使用 XPath 表达式来选择带有给定属性的元素。例如以下代码：

```
$("[href]")             // 选取所有带有 href 属性的元素
$("[href='#']")         // 选取所有带有 href 属性且值等于 "#" 的元素

$("[href!='#']")        // 选取所有带有 href 属性且值不等于 "#" 的元素
$("[href$='.jpg']")     // 选取所有带有 href 属性且值以 ".jpg" 结尾的元素
```

jQuery 的选择器功能非常强大，请参阅 jQuery 手册。

3. jQuery 事件

jQuery 是为事件处理而设计的，因此事件处理函数是 jQuery 的核心。前面演示了 ready 函数处理网页加载就绪事件。jQuery 中的常用事件见表 8.12。

表 8.12　常用 jQuery 事件

事 件 函 数	说　　明
$(document).ready(function)	文档的就绪事件（当 HTML 文档就绪可用）
$(selector).click(function)	设置被选元素的单击事件
$(selector).dblclick(function)	设置被选元素的双击事件
$(selector).mouseover(function)	设置被选元素的鼠标悬停事件

下述代码演示了 click 事件：

```
$("button").click(function(){
    alert("clicked me.");
});
```

可以将 click 改为 dblclick 或 mouseover，测试不同事件的响应。

8.4.3 jQuery 函数

1. jQuery HTML 操作

jQuery 提供了几个用于改变和操作 HTML DOM 的函数，DOM 结点操作函数见表 8.13。

视频 ●········

jQuery 的事件
操作
●·········

表 8.13　jQuery 的常用 DOM 操作函数

函　　数	说　　明
$(selector).html(content)	改变被选元素的（内部）HTML
$(selector).append(content)	向被选元素的（内部）HTML 追加内容
$(selector).after(content)	在被选元素之后添加 HTML
$(selector).before(content)	在被选元素之前添加 HTML

2. jQuery CSS 函数

jQuery 还可以进行很方便的 CSS 操作，其操作 CSS 的函数见表 8.14。

例如，下述代码的功能是修改 id 为 test1 元素的底色为黄色。

```
$("#test1").css("background-color","yellow");
```

视频 ●········

jQuery 动画
●·········

表 8.14　jQuery 的常用 CSS 函数

CSS 属性	说　　明
$(selector).css(name,value)	为匹配元素设置样式属性的值
$(selector).css({properties})	为匹配元素设置多个样式属性
$(selector).css(name)	获得第一个匹配元素的样式属性值
$(selector).height(value)	设置匹配元素的高度
$(selector).width(value)	设置匹配元素的宽度

3. jQuery 动画特效函数

jQuery 有许多动画特效函数，用这些函数可以设计出非常绚丽的界面。jQuery 的动画函数见表 8.15。

视频 ●········

js8-1-9
●·········

表 8.15　jQuery 的常用动画特效函数

函　　数	说　　明
$(selector).hide()	隐藏被选元素
$(selector).show()	显示被选元素
$(selector).toggle()	切换（在隐藏与显示之间）被选元素
$(selector).fadeIn()	淡入被选元素
$(selector).fadeOut()	淡出被选元素
$(selector).fadeTo()	把被选元素淡出为给定的不透明度

📎 【示例 8.7】动画特效函数的使用

```
$("#test1").html("<button id='b1' type='button'>淡出图片 </button><button
id='b2' type='button'>淡入图片 </button>");
$("#test2").html("<img src='image/mypic.jpg'>");

$("#b1").click(function(){
    $("#test2").fadeTo("slow",0.25);
});

$("#b2").click(function(){
    $("#test2").fadeTo("slow",1);
});
```

4. jQuery 回调函数

　　jQuery 的动画不是立即完成的，在动画进行时，可能会与其他操作产生冲突，这就要用回调函数来解决。以示例 8.5 为例，如果将事件处理函数改为如下代码：

```
$("#b1").click(function(){
    $("#test2").fadeTo("slow",0.25);
    alert("已完成");   // 这行会在前一行执行之前显示 " 已完成 "
});
```

　　那么在淡出动作完成之前（甚至是开始之前），就显示提示信息"已完成"。要实现在动作之后才显示提示信息，则需要使用回调函数（Callback）。上述代码需要改为如下形式：

```
$("#b1").click(function(){
    $("#test2").fadeTo("slow",0.25,callMe);
});

function callMe(){
    alert("已完成（1）。");
}
```

　　或者写成如下的匿名函数形式：

```
$("#b1").click(function(){
    $("#test2").fadeTo("slow",0.25, function(){
        alert("已完成（2）。");
    });
});
```

　　callMe 就是回调函数。当动作完成以后，fadeTo 将调用回调函数。

实践任务

任务　论坛发帖页面设计

【需求说明】

论坛发帖的功能如下：

（1）单击"我要发帖"按钮，弹出发帖界面。

（2）在标题框中输入标题，选择所属版块，输入帖子内容。

（3）单击"发布"按钮，新发布的帖子显示在列表的第一位，新帖子显示头像、标题、版块和发布时间。

初始显示"我要发帖"按钮，如图 8.10 所示。

图 8.10　我要发帖

单击后，弹出输入信息页面，如图 8.11 所示。

图 8.11　输入发帖信息

输入发帖信息后，单击"发布"按钮，发帖信息显示在页面中，如图 8.12 所示。

图 8.12　显示发帖信息列表

【实现思路】

（1）使用 DIV+CSS 完成页面布局。

（2）使用 JavaScript 获取输入的发帖信息，将发帖信息追加的网页元素内，用户图标初始化为数组保存。

【参考代码】

HTML 页面的代码如下：

```html
<!DOCTYPE html>
<html>
    <head lang="en">
        <meta charset="UTF-8">
        <title>BBS 论坛列表 </title>
        <link href="css/bbs.css" rel="stylesheet">
    </head>
    <body>
        <div class="bbs">
            <header><span onclick="post()">我要发帖 </span></header>
            <section>
              <ul id="postList"></ul>
            </section>
            <div class="post" id="post">
                <input class="title" placeholder=" 请输入标题（1-50 个字符）"
id="title">
                所属版块：<select id="sec"><option> 请选择版块 </option><option>HTML</
option><option>JavaScript</option><option>MySQL
                </option><option>Bootstrap</option></select>
                <textarea class="content" id="content"></textarea>
                <input class="btn" value=" 发布 " onclick="postSuccess()">
            </div>
        </div>
```

```
        <script src="js/bbs.js"></script>
    </body>
</html>
```

CSS 代码如下：

```
*{margin: 0; padding: 0; font-family: "Arial", " 微软雅黑 ";}
ul,li{list-style: none;}
.bbs{margin: 0 auto; width: 600px; position: relative;}
header{padding: 5px 0; border-bottom: 1px solid #cecece;}
header span{display:inline-block; width: 220px; height: 50px; color:
#fff; background: #009966; font-size: 18px; font-weight: bold; text-align:
center;line-height: 50px; border-radius: 8px; cursor: pointer;}

.post{position: absolute; background: #ffffff; border: 1px #cccccc
solid; width: 500px; left: 65px; top:70px; padding: 10px; font-size: 14px;
z-index: 999999; display: none;}
.post .title{width: 450px; height:30px; line-height: 30px; display:
block; border: 1px #cecece solid; margin-bottom: 10px;}
.post select{width: 200px; height: 30px;}
.post .content{width: 450px; height: 200px; display: block; margin:
10px 0;border: 1px #cecece solid;}
.post .btn{width: 160px; height: 35px; color: #fff; background:
#009966; border: none; font-size: 14px; font-weight: bold; text-align:
center; line-height: 35px; border-radius: 8px; cursor: pointer;}

.bbs section ul li{padding: 10px 0; border-bottom: 1px #999999 dashed;overflow:
hidden;}
.bbs section ul li div{float: left; width: 60px; margin-right: 10px;}
.bbs section ul li div img{ border-radius:50%; width: 60px;}
.bbs section ul li h1{float: left; width: 520px; font-size: 16px; line-
height: 35px;}
.bbs section ul li p{color: #666666; line-height: 25px; font-size: 12px; }
.bbs section ul li p span{padding-right:20px;}
```

客户端动态效果实现代码如下：

```
function post(){
    document.getElementById("post").style.display="block";
}

var tou=new Array("tou01.jpg","tou02.jpg","tou03.jpg","tou04.jpg");
```

```
function postSuccess(){
    var newLi=document.createElement("li");              // 创建一个新的 li 结点元素
    var iNum=Math.floor(Math.random()*4);               // 随机获取头像
    var touDiv=document.createElement("div");            // 创建头像所在的 div 结点
    var touImg=document.createElement("img");            // 创建头像结点
    touImg.setAttribute("src","images/"+tou[iNum]);      // 增加头像路径
    touDiv.appendChild(touImg);                          // 将头像放在 div 结点中

    var titleH1=document.createElement("h1");            // 创建标题所在的标签 h1
    var title=document.getElementById("title").value;    // 获取标题
    titleH1.innerHTML=title;                             // 将标题内容放在 h1 标签中

    var newP=document.createElement("p");               // 创建一个新的 p 结点元素
    var secName=document.createElement("span");
    var secSelect=document.getElementById("sec").value; // 获取版块
    secName.innerHTML=" 版块: "+secSelect;               // 把版块内容放到 span 中
    var myDate=new Date();
    var currentDate=myDate.getFullYear()+"-"+parseInt(myDate.getMonth()+1)+"-
"+myDate.getDate()+" "+myDate.getHours()+":"+myDate.getMinutes();
    var timeSpan=document.createElement("span");
    timeSpan.innerHTML=" 发表时间: "+currentDate;
    newP.appendChild(secName);                          // 在 p 结点中插入版块
    newP.appendChild(timeSpan);                         // 在 p 结点中插入发布时间

    newLi.appendChild(touDiv);                          // 插入头像
    newLi.appendChild(titleH1);                         // 插入标题
    newLi.appendChild(newP);                            // 插入版块、时间内容
    var postList=document.getElementById("postList");
    postList.insertBefore(newLi,postList.firstChild);   // 把当前内容插入
                                                        //   到列表最前面
    document.getElementById("title").value="";          // 标题设置为空
    document.getElementById("content").value="";        // 内容设置为空
    document.getElementById("post").style.display="none";
}
```

▌ 小　结

本章主要讲解了 JavaScript 和 jQuery，使用网页脚本语言可以实现前端特效和友好的用户交互，主要的知识结构思维导图如下所示。

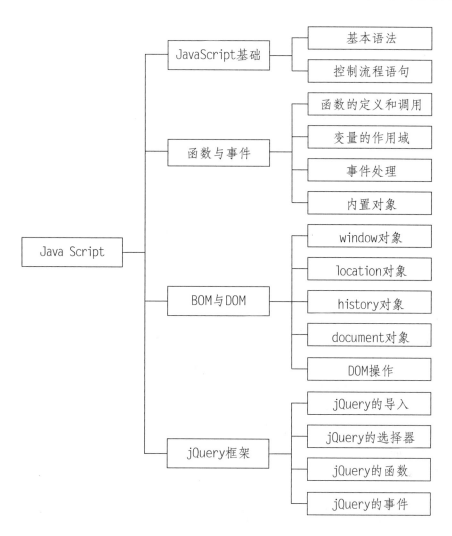

习　题

一、选择题

1. 以下标识符合法的有（　　）。

    A. abc_1　　　　　　B. 123abc　　　　　　C. stuName　　　　　　D. n$

2. 下列选项中不是 JavaScript 基本数据类型的有（　　）。

    A. String　　　　　　B. Number　　　　　　C. Boolean　　　　　　D. Class

3. 以下变量定义不正确的有（　　）。

    A. var a,b=10;　　　　B. var a=12;　　　　　C. var a,var b;　　　　D. var a=b=10;

4. 下列选项中，能够实现鼠标跟随特效的事件有（　　）。

    A. onMouseOver　　　B. onMousemOver　　　C. onMouseOut　　　D. onMouseDown

5. 以下关于函数说法错误的是（　　）。

    A. 函数是一段可以重复执行代码的集合　　　B. JavaScript 中使用 function 关键字定义函数

C. 函数只能在事件中调用　　　　　　　　D. 函数通常情况下用于处理事件的发生

6. 以下不属于浏览器对象的有（　　）。

A. Idate　　　　　B. window　　　　　C. document　　　　　D. location

7. 以下选项是浏览器模型中的顶层对象的是（　　）。

A. window　　　　　B. document　　　　　C. history　　　　　D. location

8. 下列关于浏览器对象的说法正确的有（　　）。

A. window 对象是浏览器模型的顶层对象

B. document 代表整个 HTML 文档

C. location 对象的 forward 方法可以实现浏览器的前进功能

D. history 对象用来管理当前窗口最近访问过的 URL

9. 下列关于 DOM 模型的说法不正确的有（　　）。

A. document 对象是 DOM 模型的根结点

B. DOM 模型是一种与浏览器、平台、语言无关的接口

C. DOM 模型应用于 HTML 或 XML，用来动态访问文档的结构、内容及样式

D. DOM 模型与浏览器对象模型无关

10. 下列关于 DOM 模型结点访问的说法正确的有（　　）。

A. 可以根据结点 ID 访问 DOM 结点

B. getElementsByTagName 方法根据结点的 name 属性访问结点

C. getElementsByName 方法的作用是获取一个指定 name 属性值的结点

D. nodeValue 属性可以访问结点的 value 属性值

二、简答题

1. 简述 JavaScript 的特点及作用。

2. 简述 JavaScript 中每种数据类型的作用，并列举属于该类型的常量值。

3. 简述 JavaScript 中函数的定义与调用过程。

4. 列举常用的浏览器对象，并说明它们的作用。

5. 简述 DOM 模型的作用，并列举常用的 DOM 模型中结点操作的实现方式。

6. 简述 innerHTML 的作用，并举例说明。

参考文献

[1] 肖睿，张荣竣. 网页设计与开发[M]. 北京：人民邮电出版社，2018.

[2] 唐四薪. HTML5+CSS3 Web前端开发[M]. 北京：清华大学出版社，2018.

[3] 徐涛. 深入理解Bootstrap[M]. 北京：机械工业出版社，2015.

[4] 吴志祥. Web前端开发技术[M]. 武汉：华中科技大学出版社，2019.